酒趣缀珠

王有生　王小江　著

陕西新华出版　三秦出版社
·西安·

图书在版编目（CIP）数据

酒趣缀珠 / 王有生，王小江著 . -- 西安：三秦出版社，2024.5

ISBN 978-7-5518-3136-9

Ⅰ . ①酒… Ⅱ . ①王… ②王… Ⅲ . ①酒文化—中国—文集 Ⅳ . ① TS971.22-53

中国国家版本馆 CIP 数据核字（2024）第 091300 号

酒趣缀珠

王有生　王小江　著

出版发行　三秦出版社
社　　址　西安市雁塔区曲江新区登高路 1388 号
电　　话　（029）81205236
邮政编码　710061
印　　刷　西安市建明工贸有限责任公司
开　　本　787mm×1092mm　1/16
印　　张　21.25
字　　数　277 千字
版　　次　2024 年 5 月第 1 版
印　　次　2024 年 5 月第 1 次印刷
标准书号　ISBN 978-7-5518-3136-9
定　　价　78.00 元

网　　址　http://www.sqcbs.cn

前　言

酒类，兴于天时，奇于神话；酝于地利，酿于菁华；伴于人和，传于文化；美于匠心，芳于质佳。

酒业，源远流长，创新发展；优品层出，名牌涌现；自然醇香，引人陶然；趣闻轶事，洋洋大观。

我们不善饮酒，却喜谈酒趣。有时竟与一些善饮的朋友谈得津津有味，滔滔不绝，并引来频频喝彩，连连鼓掌。我们深切地感到，古往今来的酒事趣闻，很受广大群众的喜闻乐见。其魅力感染之强，扎根生活土壤之深，可谓出人意外，而又在人意中。

偶尔也听到有人提问："喝酒到底有什么趣味啊？"善饮者则伴以莫测高深的丰富表情回答："你不知道喝酒多有意思啊！"这种说法竟与古籍中的一些记载相似。南朝宋刘义庆《世说新语》和明朝曹臣《舌华录》就讲：晋代嗜酒诗人陶渊明的外祖父孟嘉，字万年，有才名，嗜酒，饮多而举止不乱，曾任征西大将军桓温的参军。桓温曾问孟万年："酒有何好而卿嗜之？"孟嘉的回答是："公但未知酒中趣耳。"看来，酒中趣很有点只可意会、难以言传的味道。

酒趣的谈论和轶事，增强了酒文化对我们的吸引力。加上爱好文学艺术，我们便对之产生了浓厚的兴趣。

酒，确实是富有魅力的饮料。

酒，源远流长，历经数千年而不衰，既丰富了人类的物质生活，又丰富了人类的精神生活，为文化增添了亮点。

酒，堪称宠儿，畅行全世界而无阻，既受到了东方人的高度赞誉，又受到了西方人的由衷赞美，为友谊增添了纽带。

酒，令人陶醉，频演喜悲剧而未尽，既带来了助兴的滋益成效，又带来了扫兴的损害后果，为众生增添了乐忧。

酒类风靡，功过是非，世人自有评论，我们只想涉笔成趣。

酒趣，广泛地寓含于文化之中。可以说，酒是文化发展的酵酶之一。如果没有酒的存在，不少美妙的艺术就难以充分地表现。酒文化，作为我国灿烂文化的重要组成部分，如果被抽离出去，许多宝贵的东西就会被排除在外。酒文化，犹如一座巨型宝库，堆珠叠玉，光彩熠熠。

本书的内容，即是由酒诗明珠、酒令妙珠、酒兴奇珠、酒品彩珠连缀而成的一长串绚丽珍珠。这串珍珠，美不胜收。它以丰富的史料、生动的典故、工巧的令辞、优秀的诗联、特异的习俗，把酒文化的渊流综述、菁华要义，瑰珠罗列，展现得淋漓尽致、琳琅炫目。本书提供了一个欣赏文化精品的别致窗口。开窗望远，视野拓宽，从中受到博闻睿智的熏陶，聪慧灵思的启迪，自当成为有缘读者的切身体验。

还须说明，酒论纷纭，我们学识有限；酒事繁多，搜集很难完美；酒趣奥妙，阐发不易细微。面对博大精深的酒文化，仅能管中窥豹、以蠡测海而已。如有不当之处，恳请各位专家和广大读者不吝赐教，多加指正。

王有生　王小江

2023年4月15日

目录

◎ 酒令妙珠

◎ 酒兴奇珠

◎ 酒品彩珠

◎ 附　录

俯仰各有态，

得酒诗自成。

诗词与酒结深缘

公元前195年，汉高祖刘邦东讨淮南王英布，返归途中，经过家乡沛县，设酒宴邀集全县故交父老子弟恣意畅饮。在大家喝到半醒半醉的时候，刘邦乘着酒兴，击筑作诗，拔剑起舞，唱出了一首慷慨沉雄、掷地铮铮的《大风歌》：

大风起兮云飞扬，
威加海内兮归故乡，
安得猛士兮守四方！

这首风格雄浑而质朴的绝唱，历来为人们所喜吟乐咏。人们从诗中感受振奋之情，既领略了一代英豪的浩然正气，又领略了酒酣兴浓的热烈场面。

酒酣兴浓，可以渲染气氛，调节情绪，刺激神经，丰富想象，激发创作的欲望，产生泉涌般的文思。这已被文学艺术史上的许多事例所证明。历代的大文学家，有不少人喜爱饮酒，不少佳作都是在酒后挥毫而成的。一些书法家和画家的妙作，也是在酒后兴奋时一挥而就的。难怪旧时有些酒楼喜欢悬挂这样一副对联：

酒客酒楼同醉酒，

诗人诗画好吟诗。

对联极力突出“酒客”与“诗人”、“酒楼”与“诗画”、“醉酒”与“吟诗”的关系，可谓匠心独运。

酒酣吟诗，妙语连珠。三国诗人曹丕，曾谈及饮酒与赋诗的情景：觞酌流行，丝竹并奏，酒酣耳热，仰而赋诗。这是他自己的亲身体验。

晋代时，不为五斗米折腰的诗人陶渊明，辞官归乡，与酒为伴，将旖旎迷人的田野风光、淡泊恬静的隐居生活、勤劳纯朴的农民形象融入诗篇，使他的诗作达到画一般美、酒一样醇的境界。

《南史·王僧孺传》中，记载了一个在酒宴上乘兴赋诗的故事。南朝齐竟陵王萧子良，常在夜间邀集文人学士饮酒吟诗。一次，文人们规定：蜡烛燃烧一寸，诗成四韵。当时，萧文琰、丘令楷、江洪等人在座，喝得很高兴。萧文琰认为，燃烧一寸蜡烛吟出四韵诗句，并不是难事，就与丘、江二人改为敲击铜钵，钵声一止，诗即吟成。后来，人们便用“击钵催诗”比喻诗思敏捷。

唐代的李白，被人们誉为“斗酒诗百篇”的诗仙。他常在似醉非醉之时，诗兴大发，绝句迭出，留下了许多千古传世之作。相传李白在醉酒后，曾提起玉管紫毫，草成汉、蕃两种文本敕书，呈给唐玄宗。玄宗惊喜，群臣敬服，蕃使惊惧。在长江沿岸的民间，还流传着“太白酒家”的有趣故事：

有一年，李白住在采石矶，更深夜静，他翻来覆去地睡不稳；想写点诗，却写不出，因为没有了唯一能使他解闷的酒。白天，他在江岸徘徊，在山崖上攀登，累得气喘吁吁，头昏目眩，想尝试一下能不能在极度的疲倦中产生出一种朦胧的醉意。路过一间茅舍，巧逢他曾从虎口搭救过的纪老汉。老汉从屋里抱出一大坛子酒："来，仙人，敞开怀大饮吧！"老人拍拍胸脯，又说，"往后，你喝的酒，全由我老头子包啦！"李白乐得不知如何是好，憋了多天的酒瘾，一下子全冲了出来，端起杯子一饮而尽。饮着，饮着，醉了。他眯着醉眼，跌跌撞撞地跑到门外砌台上，叫人拿笔。老人赶快递上准备的笔墨纸张。遥望浩荡的大江，李白先是吟咏，继而提起笔，一挥而就：

天门中断楚江开，
碧水东流至此回。
两岸青山相对出，
孤帆一片日边来。

老人激动地捧起墨迹未干的草书，恭恭敬敬地贴在茅屋的墙上。从此，老汉总是竖起大拇指，自豪地对前来欣赏这首诗的人们说："是仙人李白的手迹！他是喝了我酿的酒，才写出这般好诗的呀！"于是，南来北往的人都争着赶到这里，品味醉人的美酒，领略诗人创造的意境……也不知从哪天起，纪老汉开起了酒店，亮出了"太白酒家"的店名。

酒酣作词，珠润玉圆。北宋词人晏殊，官至宰相，在政治上是一个踌躇满志的达官贵人。诗酒，构成他一生的中心。叶梦得《石林诗话》中，有一段关于他生活的记载："日以赋诗饮酒为乐，佳时胜日未尝辄废也。"他的诗词，多是佳会宴游之余的消遣之作。如《浣溪沙》中的"酒筵歌席莫辞频"，另一首《浣溪沙》中的"一曲新词酒一杯"，都表明了这一点。

“唐宋八大家”之一的苏轼，也爱酒后写词。“对酒卷帘邀明月”（《浣溪沙》）、“酒醒还醉醉还醒”（《少年游》）之类的句子，在他的词作中时常可见。含有“我欲醉眠芳草”词句的《西江月》，就是他“过酒家，饮酒醉，乘月至一溪桥上，解鞍曲肱少休”后，写在桥柱上的。

南宋爱国将领、杰出词人辛弃疾，享有“五车书、千担饮、诗百篇”的盛誉。其作品纵横慷慨，既有“醉里挑灯看剑，梦回吹角连营”（《破阵子》）的壮烈词篇，也有“醉里且贪欢笑，要愁那得功夫”（《西江月》）等婉约缠绵的词句。

《词林遗事》中，记有一件酒后巧用叠词贺友生子的趣闻。金人王特起，字正之，性情幽默，长于辞赋，曾任真定府录事参军。一次，王特起的好友喜得第三个儿子，邀请亲朋好友共饮“满月酒”。酒席之上，多数人猜拳行令，吟诗填词，各显身手；唯有王特起独坐一旁，只是慢慢地饮酒。主人听过许多俗不可耐的恭贺诗词后，斟了满满的一杯酒，高高地举在王特起面前，连声说：“请，请！”特来与他对斟欢饮。正在酒酣兴浓之时，宾客中有人提议道：“我等都已吟诗填词，王参军还没有出手呢，我们请他作一阕贺词怎么样？”在一片赞同声中，主人忙命人备好纸笔。

王特起微微一笑，举起一满杯酒，一饮而尽，随即挥笔填词，作了一首《喜迁莺》：

古今三绝。唯郑国三良，汉家三杰。三俊才名，三儒文学。更有三君清节，争似一门三秀，三子三孙奇崛。人总道，赛蜀郡三苏，河东三薛。

欢惬。况正是，三月风光，好倾杯三百。子并三贤，孙齐三少，但笃三余事业。文既三冬足用，名即三元高揭。亲朋庆，看宠加三锡，礼膺三接。

王特起乘着酒兴，一气呵成，竟在一首词中用了二十个“三”字，暗自巧合庆贺好友喜得三子之意，出手的确不凡。

众人见王特起落笔文不加点，早已惊叹不已；又见贺词满缀珠玉，莫不击节赞叹。

酒酣挥书，龙飞凤舞。晋代王羲之在酒后撰写的《兰亭集序》，一直被奉为书法作品中的珍宝。东晋永和九年（353）农历三月初三，担任会稽内史的王羲之，邀集司徒谢安、右司马孙绰等文人和子侄辈等，来到风景秀丽的兰亭踏青，并举行江南当时流行的“流觞曲水”活动。青瓷羽觞盛载着山阴美酒，经过弯弯曲曲的小溪，流到王羲之的面前时恰好停住。于是，他在笑声和掌声中举起羽觞，一饮而尽，随即赋诗两首。羽觞在众人中传递了好多次，有二十六人当场饮酒赋诗，共赋三十七首。有人提议将诗篇汇编成集，并推王羲之撰写序言。王羲之便乘兴运笔，在乌兰丝茧纸上挥写成了《兰亭集序》。

《兰亭集序》，不仅风格清秀，文采斐然，堪称古代散文中的佳品，而且书法精美，达到了炉火纯青之境。全文二十八行，三百二十五字，字字似“天马行空，游行自在”。凡重复的字，写法也各不雷同。如七个“不”字，五个“怀”字，随类赋形，各有变化。至于二十个“之”字，有的工整为楷，有的流转如草，大小参差，百态千姿，令人赏心悦目。

在唐代，常于酒后书写的名士，有贺知章、张旭、怀素三人。文人贺知章，嗜酒，善草隶，每于酒后题词，笔不停辍，一气呵成，每张不过数十字，爱好书法者视为珍品。书法家张旭，每当大醉，叫喊狂走，然后落笔，被称为“张颠”“草圣”。僧人、书法家怀素，好饮酒，兴到运笔，如骤雨旋风，飞动圆转，虽多变化，而法度具备。他以善“狂草”而闻名于世，与张旭并称“颠张狂素”，亦有“草圣”之誉。他或者乘醉在两丈来长的素绢上狂草《千字文》，或乘醉狂草长卷——淋漓酣畅的《怀素自叙》，留下许多前无古人的杰作。其草书《苦笋帖》，写得锋正字圆，笔墨飞舞，为传世名迹。

酒酣绘画，别有神韵。这类画家的代表，有王洽、石恪、梁楷、张敔、邱园等人。

唐代画家王洽，因首开泼墨的画法，自成一派，故被时人称作“王墨”。性格奇特疏野，酷爱饮酒。他作画时，必待沉酣之后，先泼墨于纸上，然后依其形象作成山水树石楼台，使人看不见墨污的痕迹。可谓随自然而天成，别具浑厚的景象。他还每每在墨泼后，脚蹙手抹，或挥或扫，或浓或淡；其状为山为石，为云为水，图出云霞，染成风雨，宛若神巧，极有妙趣。

唐代画家石恪，博综儒学，喜欢饮酒，常在酒后兴至挥毫，画出不守常规而别有情趣的人物画。

宋代画家梁楷，善画人物、山水、花鸟，并自创“疏体”（即写意减笔），用笔简练粗放。他喜欢喝酒，常于酒后运笔，简括快速，造型生动，令人惊服不已，如所画《六祖斫竹图》（“六祖”为佛教禅宗六世祖慧能），采用了“折芦描”，寥寥数笔，活灵活现。又如《秋柳双鸦图》，画中只画了几笔脱了叶子的柳枝，两只欲落又飞的乌鸦，极为简括地表现出深秋日暮的情景。

清代画家张敔，善画山水、人物、花卉、禽虫，白描、设色无不精妙，也善写真，尤为神肖。他性嗜酒，常酒酣兴发，提笔挥洒，苍劲流动，笔情纵逸，横涂竖抹，生机勃勃，墨色浓淡各极其趣。

清代画家邱园，工诗善书，常纵情诗酒，所画山水，泼墨浓重，颇具情致，别自成家。

酣饮美酒，兴致勃发，诗词书画，出神入化。正是由于酒能催化灵感，特别是酒发诗兴，因此酒被称为“钓诗钩”。苏轼《和陶〈饮酒〉》诗云：“俯仰各有态，得酒诗自成。”即蕴含了这类意韵。

大唐美酒润华章

盛唐气象，华美诗章，酒韵洋溢，千年流芳。

唐朝时期，国家统一，经济发达，酿酒业得到迅速发展，美酒由过去的贵族士大夫享受的奢侈品，变为共享同欢的饮料。当时，皇宫人员用酒，贵戚富豪饮酒，文人学士嗜酒，平民百姓喝酒，求神拜佛祭酒……酒与人们的日常生活紧密地联系在了一起。文学艺术作为上层建筑领域的一个重要方面，诗歌吟咏作为社会生活常见的一种文创形式，自然会受到酿酒发展的影响和饮酒风气的浸润。

在唐代，名酒不断涌现。据文献记载，名酒有梨花春、小红槽、酴醿（tú mí）酒、鹅黄酒、玉浮粱、箬下酒、新丰酒、兰陵酒等。

《唐国史补》记载的天下名酒有："郢之富春，乌程之若下，荥阳之土窟春，富平之石冻春，剑南之烧春，河东之乾和葡萄，岭南之灵溪博罗……又有三勒浆类酒，法出波斯（三勒者谓庵摩勒、毗梨勒、诃梨勒）。"

还有一大批名酒，如金陵春、金华酒、扬州酒、春暴、曲米春等。据史书记载，仅产自山西的名酒，就有汾清、乾和、桃博、甘露堂、羊羔酒、玉露酒、襄陵酒、葡萄酒、竹叶青等。

唐代的宫廷名酒，更是具有极其显赫的地位。皇室控制着当时最好的酿酒场地和原料，拥有先进的造酒工艺和技术熟练的酒匠，因而所酿美酒倍展亮彩。宫廷酿造出的酴醿酒、凝露浆、桂花醑（xǔ）、李花酿等多种名酒，除供皇室成员享用外，也分赐功臣学士，获之者视为殊荣。尽管宫廷酒知之者较少，但仍被史家搜列于名酒之册。《酒小史》就列出了“唐宪宗李花酿”的酒名，使其流芳于后世。

值得注意的是，西域的葡萄酒传来已久，但陕西地区酿制葡萄酒，还是首创于唐太宗时期。据钱易《南部新书》记载：“太宗破高昌，收马乳蒲桃种于苑，并得酒法。乃自损益之，造酒绿色，芳香酷烈，味兼醍醐，长安始识其味也。”自兹而后，唐王朝庆典赏赐，都离不开葡萄酒。

有学者戏称，在唐代，酿酒成为自上而下的“全民”事业。唐太宗时的重臣谏议大夫魏徵，根据古方研制酿造出有名的醽醁（líng lù）、翠涛酒。大诗人白居易为官时以善酿出名，“岁酿酒数百斛”。《咏家酝十韵》诗，就是白居易酿酒的经验总结和品酒的体会记录。

酿酒业的兴起，饮酒风的盛行，自是带动了沽酒业的扩展，并且促进了咏酒诗歌创作的繁荣。

唐代的沽酒业规模宏大，遍布城乡。从繁华的大都市闾巷，到遥远的村野山庄，只要有人烟所在，便有酒店开业。韩滮诗云：“行转山腰唤小舟，更寻荒店酒家游。”即其状况写照。

至于交通要道上亦是酒店林立。《新唐书·食货志》记载：“道路列肆，具酒食以待行人。”唐制每30里设置驿站，全国有陆驿1291座，水驿1330座，水陆相兼之驿86座，沿途随处设有酒店等服务设施，“夹路列店肆待客，酒馔丰溢”。

美酒的芬芳，滋润着诗歌的音韵。唐代是诗歌发展的鼎盛时期。当时，出身寒微者得以通过考试参与政治，统治阶级大力提倡诗赋和确立以诗取士的科举制度，从而促成了一个极为浓厚的诗歌创作氛围。再加上当时高度发展的音乐歌舞、绘画等艺术形式的影响，遂使唐代的天才诗人，有条件通过艰苦的努力，在前人创作的基础上，写出大量撼动人心的华美篇章，形成了唐代诗坛空前昌盛的巅峰局面。

唐代的天才诗人群星灿烂。“诗仙”李白、“诗圣”杜甫、“诗佛”王维、“诗魔”白居易、“诗豪”刘禹锡、“诗鬼”李贺等，就是其中的代表人物。有趣的是，这些代表人物，都与“酒仙”之称结下不解之缘。这不仅是因为他们嗜酒，常常酒后诗兴大发，诗思敏捷，还因为他们创作的诗歌中，拥有大量与酒有关的精品。

据刘普伟、刘云编著《说酒》统计，李白现存诗歌1050首，其中与酒有关者达170首。杜甫现存诗歌1400多首，与酒有关者近300首。王维现存诗歌540多首，涉及酒者70多首。白居易有关酒的诗歌至800多首。李贺现存诗歌240多首，其中涉及酒者89首。

唐代其他天才诗人中，涉及酒的诗歌比比皆是。如贾岛存世诗歌410多首，涉及酒者19首。杜牧现存诗歌450多首，涉及酒者132首……

天才诗人们嗜酒咏酒的出彩事例生动地说明：诗歌与酒就像孪生兄弟，饮酒想作诗，作诗思饮酒；两者美美与共，相得益彰。

唐诗广泛流传，酒香溢伴。诗酒密切系连，令人感叹。

太宗酒酣吟豪诗

时值贞观六年（632），唐太宗李世民巡幸其出生地武功庆善宫，大宴群臣，赏赐闾里。太宗欢甚，乘兴赋诗。吕才为之编曲，名曰《功成庆善乐》，并以童儿六十四人盛装歌舞伴唱。

其后，太宗又狩于岐山，“宴武功士女于兴善宫南门。酒酣，上与父老等涕泣论旧事，老人等递起为舞，争上万岁寿，上各尽一杯”（《旧唐书·太宗本纪下》）。

在此等欢乐气氛中，唐太宗豪情满怀，即兴吟出的《幸武功庆善宫》等一组诗句，富有真情实感，很具特色。尤其是《重幸武功》诗，十韵二十句，押一东韵，严整工致，已开五言排律端绪。其后半幅中有几句吟道：

垂衣天下治，端拱车书同。
白水巡前迹，丹陵幸旧宫。
列筵欢故老，高宴聚新丰。

诗句描景、叙事、议论、抒情，多种手法综合运用，气魄雄浑豪迈，笔意纵肆酣畅，给人以极为深刻的印象。

“垂衣天下治”，使人联想到颇受赞誉的“贞观之治”。李世民鉴于隋朝“百姓不堪，遂至灭亡”的历史经验教训，故即位后励精图治，采取一系列与民休养生息，有利于发展生产、安定生活的政治经济措施，收到明显的效果，从而出现空前繁荣的景象。以贞观四年（630）致治之大略成效为例：“至四年，斗米四五钱，外户不闭者数月，马牛被野，人行千里不赍粮，民物蕃息，四夷降附者百二十万人。是岁，天下断狱，死罪者二十九人，号称太平。”（《新唐书·食货志》）

“巡前迹”“幸旧宫”“列筵欢故老”，使人联想到“同汉沛苑”的品评。胡震亨在《唐音癸签》卷五《品汇一》中，引李世民“一朝辞此地，四海遂为家”（《过旧宅》），“昔乘匹马去，今驱万乘来”（《题河中府逍遥楼》）数联，认为与汉高祖“风起云扬之歌，同期雄盼”，具有帝王气象。

历史上常有惊人的相似现象重演。汉高祖刘邦，曾在沛县设宴与故交父老子弟畅饮时，吟唱出“威加海内兮归故乡”的“大风歌”。八百年后，唐太宗李世民则在出生地与从臣故交畅饮，吟咏出豪迈沉雄的“巡幸诗”。两者的帝王气象何其相似！唐太宗本人在《幸武功庆善宫》诗中，也为之发出了“共乐还乡宴，欢比大风诗”的感叹。

唐太宗的诗作，具有丰富的题材内容和很强的艺术感染力。《全唐诗》卷一收录唐太宗诗86题。其中包括《帝京篇》十首等多类，五言诗总数达98首。另外，还有与诸大臣联句的《两仪殿赋柏梁体》七言诗一首，断句三联，合计为102首。从数量上看，在唐朝历代帝王中首屈一指，遥遥领先，甚至也超出不少著名诗人。

唐太宗李世民，不但在文治武功方面被称为我国历史上天纵神武、雄才大略的君主，而且在诗文创作方面，也不愧为鼓吹风雅、大为倡导、勤于实践的作者。胡震亨在《唐音癸签》中指出：“太宗文武间出，首辟吟源。”肯定了李世民在唐诗发展过程中所起到的先驱作用。

唐太宗作为身兼创业与守成双重地位的皇帝，既有烜赫的文治武功，也十分注意发展经术儒学、文化艺术事业。他即位后，更置弘文馆，听朝之间，与诸文学士“讨论典籍，杂以文咏，或日昃夜艾，未尝少怠。诗笔草隶，卓越前古。……有唐三百年风雅之盛，帝实有以启之焉”（《全唐诗》卷一《太宗皇帝》题下“小序”）。

唐太宗这些着力于文学艺术的措施，得到后来继承者唐高宗李治、武则天等人的执行贯彻，从而为唐诗的发展开辟了广阔的空间。于是，唐诗创作空前繁荣的兴盛局面逐步形成。在涌现大量优秀作品的基础上，《全唐诗》后来得以编辑而成。

《全唐诗》，于清代康熙年间由彭定求、杨中讷等人所编纂，是一部卷帙浩繁的巨编。全书将“唐三百年诗人之菁华，咸采撷荟萃于一编之内”（《御制全唐诗序》），共收作家2200余人，诗48900余首，可谓洋洋大观，宏备珍贵。

《全唐诗》中的作家极为广泛，计有帝王将相、封建士大夫、布衣、平民、农夫、渔夫、樵夫、木工、征人、乞丐、僧道、隐士、妇女、少年儿童……诗人辈出，才华出众，产生了李白、杜甫、白居易这样的中外第一流诗人。妇女中有皇后、妃子、公主、宫女、民女、歌妓。妇女诗人中，其诗足称优者在120人以上。少年儿童诗人中出类拔萃，十岁以下能赋诗者就有40人左右，年龄最小的神童仅有六岁。

在《全唐诗》中，唐太宗的《帝京篇十首》被置于首篇。在这组诗里，李世民对京城长安宏伟壮丽的建筑、五彩缤纷的景物、富贵豪华的宫廷生活，着意渲染描述，笔调雄豪恣肆，色彩绚丽多姿。明代胡应麟给予了“藻赡精华，最为杰作”的评语（《诗薮（sǒu）·内编》卷二）。

《帝京篇十首》中，有四首描述了酒宴：“停舆欣载宴”“方为欢宴所”“玉酒泛云罍（léi）”“芬芳玳瑁宴”。加上巡幸武功的“还乡宴”，以及《春日玄武门宴群臣》《置酒坐飞阁》《宴中山》《于太原召侍臣赐守岁》等诗作，算起来，专述或涉及酒宴的诗，共达十六首之多。

唐太宗还有一首《赐魏徵诗》，特意赞扬美酒，别具一格。重臣魏徵善于治酒，有名曰醽醁，曰翠涛，世所未有，太宗赐诗曰：

醽醁胜兰生，翠涛过玉薤。
千日醉不醒，十年味不败。

唐太宗论说魏徵所治两味美酒，胜过汉武帝时期的百味旨酒“兰生”和隋炀帝时期的名酒“玉薤”，可见评价之高。

唐太宗巡游山河，指点景物，酣酒吟诗，抒发豪情，创作了一系列不同寻常的优秀诗篇。人们在感叹李世民非凡的帝王气派和杰出的文艺才华时，也进一步从其作品中领略到了诗与酒之间的密切联系。

长安酒楼聚盛宴

新丰美酒斗十千，
咸阳游侠多少年。
相逢意气为君饮，
系马高楼垂柳边。

这是王维七绝组诗《少年行》的第一首，主吟少年游侠在长安酒楼纵饮美酒的豪迈情怀。诗句以“美酒”“游侠”“意气”“高楼”等词语点缀，写活了京华地区新丰一处酒楼的典型场景。

长安近郊的新丰镇，是唐代名酒荟萃之地。关中一带的官吏、商贾、豪侠、文士墨客，都曾涌入新丰酒家，畅饮纵情。唐太宗《幸武功庆善宫》诗云“高宴聚新丰”，王维《与卢象集朱家》诗云“贳得新丰酒”，李白《效古二首》诗云“美酒沽新丰”，都是“新丰酒”名播海内的例证。宋伯仁也为之列名，把“长安新丰市酒”载入《酒小史》。《唐诗鉴赏辞典》则赞誉“新丰美酒堪称酒中之冠”。

唐朝时期，长安城内外，酒楼酒馆比比皆是，形成了几个高度繁华的密集区。新丰酒家就是其中之一。著名者，还有青门酒家、灞陵酒家和渭城酒家。各家酒肆自酿好酒，争相标榜，借以吸引顾客，并博得世人称赞。

长安东门叫青门，又名青绮门，城门附近，到处是胡姬酒店。美貌带笑的少数民族女子，手捧美酒，争相劝客。李白《送裴十八国南归嵩山》诗云："何处可为别，长安青绮门。胡姬招素手，延客醉金樽。"岑参《青门歌送东台张判官》诗云："胡姬酒垆日未午，丝绳玉缸酒如乳。"胡姬加美酒，构成了青门酒家的别样风格。

出青门东行即是灞陵。这里酒肆更多，而且酒的名气也很大，唐人称为"灞陵酒"，又称"灞水酒"。韦庄《灞陵道中作》诗云："秦苑落花零露湿，灞陵新酒拨醅（pēi）浓。"岑参《送怀州吴别驾》诗云："灞上柳枝黄，垆头酒正香。"就是对灞陵酒家的记述。

位于长安城西的渭城，也是出售好酒之地。唐人迎宾送客，以及驻马停宿，也乐于在此一饮名�。崔颢《渭城少年行》诗云："渭城桥头酒新熟，金鞍白马谁家宿。"李白《送别》诗云："斗酒渭城边，垆头醉不眠……惜别倾壶醑，临分赠马鞭。"描写了渭城酒家的美酒风味和地理特点。

渭城，即秦都咸阳故城，位于渭水北岸。唐代从长安往西去者，多在此地送别。王维著名的《送元二使安西》诗就写于此地。诗云："渭城朝雨浥轻尘，客舍青青柳色新。劝君更尽一杯酒，西出阳关无故人。"这首集中表现惜别之感的劝酒辞，蕴含的友情强烈而深挚。这就使它适合于绝大多数离别筵席演唱，以至于后来被编入乐府，成为最流行、传唱最久的歌曲。于是渭城酒家的名声也传向关陕内外，远扬其他地区。

长安城外，有与繁华酒家密集区相连的大道。道路两侧也布满酒铺，并向偏远的乡村延伸。

长安城内，酒店更是鳞次栉比。实力雄厚的酒家，高阁飞檐，装饰豪华，气势浩大。

酒楼，大约出现于南北朝时期，至唐代而大为兴盛。唐代长安的酒楼已高达数层。韦应物《酒肆行》诗云："豪家沽酒长安陌，一旦起楼高百尺。"这种百尺高的酒楼，在唐代以前的文献中未见记载，证明唐代酒楼等饮食服务场所的建筑规模和设施档次，较以前有了很大的进展。

唐代的酒店，成了都市的一个重要行业。各界人士相聚于酒楼饮宴，也成为人们日常生活中的一种普遍形式。正如刘禹锡在《百花行》诗中所写："长安百花时，风景宜轻薄。无人不沽酒，何处不闻乐。"若遇节日，酒楼的宴饮活动更加热闹。

宴饮活动，历来是庆贺岁时节日的主要标志之一。届时，都城的节庆宴饮气氛热烈，各家酒楼酒店顾客熙熙攘攘，络绎不绝。尤其是皇家组织的节庆大宴，更是格外隆重。

例如庆祝元旦这一天，在"欣欣如也"的祥和气氛中，皇帝大宴群臣，仪式非常奢华，宴品尽善尽美。戴延之《西征记》记载了一次元旦皇宫筵宴："太极殿前有铜龙，长三丈，铜樽容四十斛。正旦大会，龙从腹内受酒，口吐之于樽内。"以铜铸巨型酒器，饮宴群臣，象征酒乃"天之美禄"，为"真龙天子"所赐。非凡皇家气象，由此可见一斑。

唐代的元旦大宴，还多次安排在长安附近的昆明池、曲江芙蓉园。大宴举办时，楼阁亭台花团锦簇，绚丽多彩，酒香弥漫。《册府元龟·帝王部·庆赐第二》记载道："（贞观）五年正月癸酉，大蒐于昆明池。甲戌，宴群臣，赐从官帛各有差。"

再如上元节，长安全城同庆。届时火树银花，酒楼、店铺顾客如云，通宵达旦，酒香四溢，一派"灯火家家市，笙歌处处楼"的景象。

皇家与民间各类酒宴，均时兴酒伎艺伎佐饮。宫中饮宴所设酒伎队伍规模宏大，从《旧唐书·职官志三》记载可见一二：“凡大宴会，则设十部伎。”宫廷以外的家宴、酒宴，无不设酒伎佐饮。城内外各家酒楼，即使小店，也不肯寂寞饮酒，以免生意冷淡。李白诗句“清歌弦古曲”，王维诗句“复闻秦女筝”，白居易诗句“南邻新酒熟，有女弹箜篌”，孟浩然诗句“当杯已入手，歌伎莫停声”，皆是对酒楼、酒店宴饮场景的描述。

总的来看，唐代的酒楼、酒店，已不是单纯的宴饮之处，而是成为包含丰富多彩的文艺活动，能够使人们既享受物质生活，又享受精神乐趣和满足其心理需求的重要场所。

太白纵酒抒情怀

大诗人李白（字太白）有一首《襄阳歌》为人们所爱读。诗中写道：

……
鸬鹚杓，鹦鹉杯。
百年三万六千日，
一日须倾三百杯。
遥看汉水鸭头绿，
恰似葡萄初酦醅。
此江若变作春酒，
垒曲便筑糟丘台。
千金骏马换小妾，
醉坐雕鞍歌《落梅》。
车旁侧挂一壶酒，
凤笙龙管行相催。
咸阳市中叹黄犬，
何如月下倾金罍？
……

李白在诗中大发感叹。

这首诗是李白以安陆为中心的漫游时期的作品。开元十三年（725），二十五岁的李白“仗剑去国”，即离开巴蜀故乡，沿长江出三峡东下，开始了在祖国东部地区的漫游生活。其间，在湖北安陆，他与曾在高宗时做过宰相的许圉师的孙女结婚，并在那里定居多年。他在距安陆不远的襄阳游历时，写下了这首充满感叹的诗歌。

李白说，人生一共三万六千日，每天都应该往肚里倒上三百杯酒。他醉眼蒙眬地朝四方看，远远看见襄阳城外碧绿的汉水，就幻似刚酿好的葡萄酒一样！如果汉江能变作春酒，那么单是用来酿酒的酒曲，便能垒筑成高大的糟丘台了。

接着，李白引用了《独异志》所载魏曹彰曾用美妾交换骏马的故事，描述自己醉坐骏马之雕鞍，口吟乐府之《梅花落》调，车挂酒壶跟随乐队奏着劝酒之曲，并感叹这种怡然自得的纵酒生活，就连历史上的王侯也莫能相比。

诗中的“咸阳市中叹黄犬”，事见《史记·李斯传》。辅佐秦始皇统一中国、位至丞相，后因赵高谗言，被秦二世皇帝杀于咸阳市的李斯，临刑时对儿子说：“我想和你牵了黄狗，走出上蔡（家乡）东门去捕兔，已经不可能了！”诗中指出，与其像李斯一样最后遭到杀身之祸，不如做一个“月下倾金罍”的酒徒为好。

这首诗还以“襄王云雨今安在？江山东流猿夜声”结尾，强调即使尊贵到能与巫山神女相结的楚襄王，亦早已消失在东流江水之中，再次宣扬了纵酒行乐的潇洒适意。

李白这首自我欣赏和陶醉于浪漫生活的诗歌，绘声绘色地勾勒出了一个活泼浪漫的醉汉形象。后来，随着他到达长安，展露惊人才华，进一步成了身兼“诗仙”和“酒仙”的耀眼明星。他关于嗜酒、写酒，还善于劝酒的诗作连篇累牍。《将进酒》，就是他的又一首代表杰作。诗曰：

君不见黄河之水天上来，
奔流到海不复回。
君不见高堂明镜悲白发，
朝如青丝暮成雪。
人生得意须尽欢，
莫使金樽空对月。
天生我材必有用，
千金散尽还复来。
烹羊宰牛且为乐，
会须一饮三百杯。
岑夫子，丹丘生，
将进酒，杯莫停。
与君歌一曲，
请君为我倾耳听。
钟鼓馔玉不足贵，
但愿长醉不复醒。
古来圣贤皆寂寞，
惟有饮者留其名。
陈王昔时宴平乐，
斗酒十千恣欢谑。
主人何为言少钱，
径须沽取对君酌。

五花马，千金裘，
呼儿将出换美酒，
与尔同销万古愁。

这首诗是李白离开长安后，在以中原、东鲁为中心的漫游时期所写。岁在天宝十一载（752），李白与友人岑勋，在嵩山另一好友元丹丘的颍阳山居为客。三人登高饮宴时，李白写的这首诗气概豪迈，语言奔放，有很强的艺术性。

诗中写人生短促，应该及时行乐，醉酒尽欢，并对功名富贵表示轻视。这反映出诗人当时复杂而矛盾的思想情绪，流露出政治上不得志的深沉愤懑。可以说，这是李白正值抱“用世之才而不遇合”之际，在置酒会友的过程中，借着汉乐府《将进酒》（劝酒歌）曲调，“填之以申己意”（萧士赟《分类补注李太白诗》），淋漓尽致抒发满腔感慨的集中写照。

诗篇以源远流长、如从天而降，惊涛拍岸，奔泻千里，东流入海的黄河发端，烘托出一派壮观气象。接着，悲叹时间匆促，人生短暂，朝暮转眼间，青丝变白发，进而议论只要“人生得意”，便当纵情欢乐，况且应有“天生我材必有用”的自信。此后，再劝“杯莫停”，“一饮三百杯”，“但愿长醉不复醒”，引出一番不惜把名贵宝物用来换取美酒、图个一醉方休、“同销万古愁”的豪言壮语。

李白这首《将进酒》，酒兴诗情大起大落，笔墨饱满夸张酣畅，深远宕逸之神跃然纸上。诗中所流露的思想情绪，与同时期所作《梁园吟》抒发的忧思心境一脉相承。

李白于天宝三载（744）离开长安后，和杜甫、高适同游梁园。梁园故址在今河南开封东南，一名梁苑，系汉代梁孝王所建。李白在此所作《梁园吟》，一名《梁苑醉酒歌》。诗云：

我浮黄河去京阙，
挂席欲进波连山。
天长水阔厌远涉，
访古始及平台间。
平台为客忧思多，
对酒遂作《梁园歌》。
却忆蓬池阮公咏，
因吟渌水扬洪波。
洪波浩荡迷旧国，
路远西归安可得？
人生达命岂暇愁，
且饮美酒登高楼。
……
梁王宫阙今安在？
枚马先归不相待。
舞影歌声散渌池，
空余汴水东流海。
沉吟此事泪满衣，
黄金买醉未能归。
连呼五白行六博，
分曹赌酒酣驰晖。
歌且谣，意方远。
东山高卧时起来，
欲济苍生未应晚。

诗中写道，作者浮舟黄河，来到河南大梁一带，访古及至春秋时期宋平公所筑的平台。李白处于政治上失意之境，忧思对酒，触景抒怀，就自然地联想起了阮公。

阮公即阮籍，是魏晋时期“竹林七贤”之一的嗜酒诗人，他在《咏怀诗》中说：“徘徊蓬池上，还顾望大梁。绿水扬洪波，旷野莽茫茫……羁旅无俦匹，俯仰怀哀伤。”表现了在那个动荡混乱政局中的悲观情绪。李白在心境思绪上遂与阮籍的《咏怀诗》产生了共鸣。不过，既然已离长安一带，路远安能西归，只好对命运遭遇抱旷达态度，“且饮美酒登高楼”。

接着，李白还联想到历史上一些名人暂时豪贵的经历。特别谈到汉代著名辞赋家枚乘、司马相如，他们都做过汉宗室梁孝王的宾客，而今梁王宫阙和宾客何在？只留下汴水经开封城南，东流入海。

这首诗虽然突出表现了李白醉酒放诞的情感和生活，反映了及时行乐的消极情绪，但最后的“东山高卧”两句，也表示他的思想并未完全消沉下去，“济苍生”的愿望仍旧在他的内心燃烧，没有熄灭。

总的来看，李白一生有不少时间沉醉在隐居醉酒、求仙问道的生活里，他的许多诗篇反映了这方面的思想情感。但是，贯穿李白一生活动和创作的主线，是关心政治和生活，表现了他希望国家强大、社会安定的美好理想。

饮中八仙与五醉

“饮中八仙”，是唐代大诗人杜甫送给八位名士的雅号。这八位名士是：贺知章、李琎、李适之、崔宗之、苏晋、李白、张旭、焦遂。这八个人或才华横溢，或成就突出，或名扬四海，但都有一个共同的嗜好——饮酒。于是，杜甫便将他们的生活和醉态，写成了《饮中八仙歌》：

知章骑马似乘船，
眼花落井水底眠。
汝阳三斗始朝天，
道逢曲车口流涎，
恨不移封向酒泉。
左相日兴费万钱，
饮如长鲸吸百川，
衔杯乐圣称避贤。
宗之潇洒美少年，
举觞白眼望青天，
皎如玉树临风前。
苏晋长斋绣佛前，

醉中往往爱逃禅。
李白一斗诗百篇，
长安市上酒家眠，
天子呼来不上船，
自称臣是酒中仙。
张旭三杯草圣传，
脱帽露顶王公前，
挥毫落纸如云烟。
焦遂五斗方卓然，
高谈雄辩惊四筵。

这首诗用魔术般奇异的手法，把在嗜酒、豪放、旷达等方面彼此相似，而又各具特点的“八仙”写在一起，构成了一幅栩栩如生的群像图。

诗中描述贺知章的有两句。贺知章是八仙中资格最老、年事最高的一个。他爱饮酒，重友情。如在长安初会李白时，因仓促间没有携带钱帛，竟当场解下身上所佩带的金龟，交给酒家，与李白对酌。而李白曾作《对酒忆贺监》记其事：

四明有狂客，风流贺季真。
长安一相见，呼我谪仙人。
昔好杯中物，今为松下尘。
金龟换酒处，却忆泪沾巾。

李白对贺知章的评论，也在杜甫的诗句中体现了出来。诗句形容贺知章喝醉酒后，骑马的姿态就像乘船那样摇来晃去，醉眼蒙眬，跌进井里后竟会在井水里熟睡不醒。这种充溢着谐谑与欢快情调的诗句，把贺知章旷达不拘、沉醉酒乡的性格特征，表现得惟妙惟肖。

诗中描述汝阳王李琎的有三句。李琎是唐玄宗的侄子，宠极一时。因此，他敢于在饮酒三斗后才拜见皇帝，路上遇到酒车时竟会馋涎流淌，恨不得要把自己的封地迁到酒泉去。

诗中描述左相李适之的有三句。李适之性情简率，喜宴宾客，在受排挤罢相后，仍豪饮不止。杜甫说他饮酒日费万钱，豪饮的酒量之大有如鲸鱼吞吐百川之水，一语点出他的豪华奢侈。

诗中描述崔宗之的有三句。崔宗之是一个洒脱英俊的风流人物。他高举酒杯、白眼望天、旁若无人的姿势，宛如玉树临风，其形象呼之欲出。

杜甫用两句诗勾勒出了苏晋的形象。苏晋既敬佛斋戒，又酷爱饮酒，而且常常是“禅”被“酒”所战胜。其幽默滑稽的矛盾举动，令人忍俊不禁。

诗中隆重出场的中心人物是李白。杜甫用四句话，浮雕般地刻画了李白的嗜好、诗才和性格。李白嗜酒，醉眠酒家，习以为常。他醉酒后，更加豪气横溢，狂放不羁，即使天子召见，也不是那么毕恭毕敬，诚惶诚恐，而是大声呼喊：“臣是酒中仙！”

描绘张旭的有三句。杜甫在诗中说张旭三杯酒醉后，豪情奔放，绝妙的草书就会从他的笔下流出；他无视权贵尊严，在显赫的王公大人面前，也敢脱下帽子，露出头顶，奋笔疾书，字迹如云烟般舒卷自如。他那种狂放傲世的性格特征，被表现得酣畅淋漓。

最后，用两句诗描述了焦遂饮酒五斗、神情卓然、高谈阔论、惊动四座的情景。

《饮中八仙歌》以其艺术的独创性和思想上的深邃性，成为千古传诵的名篇。明代画家杜堇，曾根据杜甫的诗意创作一幅《饮中八仙歌》图。画中人物的神态，同中有异，异中有同，互相映照，相得益彰。后人还把图画雕刻在石碑上，供游客观赏，使得《饮中八仙歌》具有了更强烈的艺术感染力。

在《饮中八仙歌》艺术手法的影响下，现代文坛老辈叶圣陶多年前写过一首《题关良所绘五醉图》。画家关良的画是一长卷，有丈余长，卷首有著名老画家刘海粟所题三个大字："五醉图"。全卷共五幅，分别为"太白醉写""贵妃醉酒""武松醉打蒋门神""武松打虎""鲁智深醉打山门"。叶老的诗，就题在这五幅画的后面。全诗共十四句：

谪仙酒醉始朝天，
宠宦权臣奴婢颜，
视若无物诗如泉，
立就《清平调》三篇。
玉环宫怨言难宣，
赖有力士与周旋，
醉中百态舞翩翻。
武二义勇身兼全，
恶霸恶虎等量观，
乘醉都教饱老拳，
赢得乡里人人欢。
智深安耐坐枯禅，
碎打山门众僧喧，
洒家来去无挂牵。

这首诗仿《饮中八仙歌》而作，其中或四句，或三句，描写了四个人的“五醉”。

写李太白的四句，描述了李白不畏权贵、傲视王侯的性格和诗如泉涌的才华。“立就《清平调》三篇”一事，见载于乐史《杨太真外传》。有一次，唐玄宗与杨贵妃在沉香亭前赏花，诏梨园子弟奏乐。玄宗说：“赏名花，对妃子，焉用旧乐词为？”立即命令歌唱名手李龟年去召李学士进宫，作《清平调》三章。李龟年取出金花笺，李白酣醉一挥，立成新词三首：

云想衣裳花想容，
春风拂槛露华浓。
若非群玉山头见，
会向瑶台月下逢。

一枝红艳露凝香，
云雨巫山枉断肠。
借问汉宫谁得似？
可怜飞燕倚新妆。

名花倾国两相欢，
长得君王带笑看。
解释春风无限恨，
沉香亭北倚阑干。

唐玄宗览词，称美不已，即命李龟年定弦而歌，梨园子弟丝竹并奏，玄宗自吹玉笛以和之。

《题关良所绘五醉图》诗中，有三句写了杨贵妃。杨贵妃小字玉环，由宠任极专的宦官选入宫内，深受唐玄宗宠爱。据《杨太真外传》载，杨贵妃两次触怒玄宗，被逐出宫外，均赖高力士从中周旋，得以重新回宫。有一次，玄宗在木兰殿宴请诸王时不太高兴，“妃醉中舞《霓裳羽衣》一曲，天颜大悦”。在清代洪昇所编爱情悲剧《长生殿》中，曾用“盘旋跌宕，花枝招飐柳枝扬，凤影高骞鸾影翔”等词句，赞美杨玉环的翩翩舞姿。

诗中用四句描述了武松的“两醉”。在《水浒传》第二十三回“横海郡柴进留宾　景阳冈武松打虎”中，武松在酒店喝了十五碗“透瓶香”后，乘着酒兴上冈，对跳出来的吊睛白额大虫一阵猛打。“那武松尽平昔神威，仗胸中武艺，半歇儿把大虫打做一堆，却似躺着一个锦布袋”，被誉为：“醉来打杀山中虎，扬得声名满四方。”“恶霸”，是指第二十九回“施恩重霸孟州道　武松醉打蒋门神”中的蒋门神。武松一路上吃了三十五六碗酒后，来到快活林，施展“玉环步，鸳鸯脚”，把横行霸道的蒋门神打翻在地，指着他说：“休言你这厮鸟蠢汉，景阳冈上那只大虫，也只打三拳两脚，我兀自打死了。量你这个值得甚的！”

诗中写花和尚鲁智深的有三句。事见《水浒传》第四回“赵员外重修文殊院　鲁智深大闹五台山”。书中讲：忽一日，鲁智深不安心坐禅，离了僧房，走下山来，来到一家傍村小酒店，先是约莫吃了十来碗酒，接着，一连又吃了十来碗酒，并把半只熟狗肉吃得只剩下一脚狗腿，又吃了一桶酒，才返回五台山上。结果，“酒却涌上来”，跳起来拽拳使脚，把半山亭子柱打折了，坍了亭子半边。然后，一步一跌，抢上山来，打坏了山门下的两尊金刚，却提着折木头大笑。此后，还搅得众僧卷堂而走，并伤了众禅客。最后，只得听从智真长老的安排，辞别众人，去东京大相国寺安身立命。

五醉故事，流传很广。关良的《五醉图》画得形象风趣；叶老的《题关良所绘五醉图》写得精彩生动。题诗沿用《饮中八仙歌》写法，耐人寻味，不愧出自名家之手。

会饮酒家遇知音

唐代会昌四年（844），诗人杜牧调任池州刺史。池州州治所在的“秋浦”（即今安徽池州市贵池区）有一处远近闻名的杏花村，酒家延展十里，酒旗处处飘扬。擅长写景抒情的杜牧，曾写下一首脍炙人口的《清明》诗：

清明时节雨纷纷，
路上行人欲断魂。
借问酒家何处有，
牧童遥指杏花村。

这首音节和谐圆润，景象清新生动，而又境界优美，耐人寻味，为人们打开了非常广阔的想象空间，似乎让读者看到了酒帘高挑的杏花村酒家。

除了这首名诗把杜牧与杏花村酒家联系在一起外，还有一个传说，把这位诗人与杏花村酒家的当垆才女联系在一起。

才女名叫杏云，是个小姑娘，自幼随祖父生活。祖父是酿酒名师，且博通诗文，因为年迈，只得把酒店交给杏云操持。杏云聪明伶俐，学文经商，再加上接待了许多前来饮酒的秀才雅士，十五岁时，已经熟知诗词歌赋，尤善应对联语，常常是出口成章，名声越传越远。后来，连在池州当刺史的杜牧，也听到了人们对才女的赞扬。一天，杜牧借公余之暇，装扮书生，带着一名“书童”，来到杏花村，进入这家挂着“醉八仙”中堂、佩有“座上客常满，杯中酒不空”对联的小店，受到杏云的热情迎接。当客人说明前来酒店访贤之意，并先由“书童”与才女围绕酒壶应对妙联后，杜牧亲自测试，指着桌上的白色锡壶吟出上联：

白锡壶腰中出嘴。

杏云听后，指着桌上的筷子对出下联：

金竹筷身上刺花。

这一敏捷流利的应对，深得杜牧的赞赏。当酒家才女问起来客尊姓大名时，杜牧以谜联回答道：

半坡林靠半坡地，
一头牛同一卷文。

才女细细一想，面前的“书生”分明是刺史杜牧大人，于是急忙施礼。

这则传说，与《清明》一诗映照，可谓相得益彰，不仅使得杜牧的嗜酒诗人形象更为丰满，而且使得饱学之士幸会酒家的文化现象，蒙上了一层更为风趣优雅的色彩。

酒家，既是古代大量优秀诗、词、歌、赋、曲、联的创作之地，又是一些文人作品广为流传的重要渠道。知音幸会酒家的事例，不胜枚举。“旗亭画壁”就是这方面的故事之一。

唐代诗人王之涣，喜欢与朋友在一起击剑饮酒，写诗以“歌从军、吟出塞”，描写“关山明月之思”著称。关于王之涣与另两名边塞诗人王昌龄、高适会饮酒家事，典出薛用弱《集异记》，还见于明人郑之文所作《旗亭记》传奇、清人张龙文所作《旗亭记》杂剧、卢见雪所作《旗亭记》传奇。故事说：

在一个天寒落雪的日子，王昌龄、高适、王之涣同到旗亭（酒楼）饮酒。三位知音正在举杯论诗，忽见梨园伶官多人偕同一些歌女次第登楼会宴。王昌龄灵机一动说：“我们都享有诗名，但是至今不能自定其甲乙，分出个上下来，现在是不是可以静听梨园诸伶唱歌，唱到谁的诗一首，便在谁背后的亭壁上画一道，最后计算，谁的诗唱得多，谁就为优胜，你们看如何？”王之涣和高适表示同意。三位诗人便避席靠近炉火，在一旁观看。

起初，有一名歌女拍着音节唱道：

寒雨连江夜入吴，
平明送客楚山孤。
洛阳亲友如相问，
一片冰心在玉壶。

此诗题为《芙蓉楼送辛渐》，系王昌龄任江宁（今南京市）丞时，为送好友辛渐而作。于是，王昌龄闻歌引手画壁说：“一绝句！”

接着，又一名歌女唱道：

开箧泪沾臆，见君前日书。
夜台今寂寞，犹是子云居。

此诗系高适所作，于是高适引手画壁说：“一绝句！”

随后，又有一名歌女唱道：

奉帚平明金殿开，
且将团扇共徘徊。
玉颜不及寒鸦色，
犹带昭阳日影来。

这首诗，题为《长信秋词五首》（其三），系拟托汉代班婕妤在长信宫中的心情而写作，借此反映唐代宫廷妇女的生活，属王昌龄的作品。于是，王昌龄又一次引手画壁说：“二绝句！”

这时候，王之涣自以为得名已久，便开玩笑地说：“这几个潦倒乐官，唱的都是下里巴人之词！她们是俗人，怎么能唱阳春白雪之曲呢？”他遥指一位梳着双髻的最美的歌女说：“如果她唱的不是我的诗，那我终身再也不敢与你们比高低了。”

那位漂亮的歌女一开口，果然唱的是王之涣的诗：

黄河远上白云间，
一片孤城万仞山。
羌笛何须怨杨柳，
春风不度玉门关。

听她唱完这首广为流传的《凉州词》，三位诗人皆笑。

歌女与伶官们见此情景，不解其故，便问道："不知诸位郎君，为什么要这样欢笑？"王昌龄等便讲明身份，告诉了他们听唱画壁的事。诸伶争着上前拜见："俗眼不识神仙，请屈尊参加我们的酒宴！"三位诗人便高兴地参加了他们的宴会，"饮醉竟日"。

这一酒家会饮的传奇故事，成为唐代诗坛佳话，为后人经常援引。

在黄山一带，民间还流传着唐代大诗人李白在酒家遇到诗翁的故事。李白晚年很不得志，他怀着郁闷的心情来到安徽，饮酒作诗，漫游大好河山。一天清晨，李白在歙县城街头的一家酒店沽酒，忽听隔壁有人在问话："老人家，您一把年纪，怎能每天挑这么重的柴草来卖？家离这儿不远吧？"一阵爽朗的笑声后，那个被问的人随口吟出一首诗来：

负薪朝出卖，沽酒日西归。

借问家何处？穿云入翠微。

李白听罢，禁不住连声赞叹："好诗！好诗！"酒保告诉他，这是一位名叫许宣平的老翁，因看穿了世俗，所以隐居深山。这老翁每天清早就担柴进城来卖，柴卖掉了就打酒喝，喝醉了就吟诗，一路走一路吟，旁人还以为他是疯子哩！

李白暗想：这不是和自己一样的"诗狂"吗？他打定主意，要拜老翁为师，于是赶忙去追。尽管李白累得气喘吁吁，但怎么也追不上前面那位在微风中飘动着白发的老翁。追至深山，老翁已无影无踪。李白叹道："莫不是真的遇上了仙人！"几天后，李白背起酒壶，带着干粮，进山寻师。一个多月后，终于找到老翁，他们便结为诗友，经常在一起饮酒吟诗。如今，黄山鸣弦泉下，有一块刻有“醉石”二字的巨石，传说就是当年两位诗仙饮酒赏景的所在。

店肆酒香各尽觞

唐代诗人李白写过一首《金陵酒肆留别》诗，共有六句：

风吹柳花满店香，
吴姬压酒劝客尝。
金陵子弟来相送，
欲行不行各尽觞。
请君试问东流水，
别意与之谁短长？

诗句先写春风卷起垂垂欲下的柳花，轻飞乱舞扑满店中；当垆的吴地美女，压紧榨床取出酿熟的新酒，劝客品尝。店中柳絮蒙蒙，酒香郁郁，扑鼻而来。继写一批金陵少年涌进店中相送，“欲行”的诗人与“不行”的送行者，均举杯痛饮，陶然欲醉。这首将惜别之情写得饱满酣畅、悠扬跌宕的诗，让江南水村山郭小酒店的情景，生动自然地浮现在纸面之上。

与李白《金陵酒肆留别》诗相映成趣的是，唐代另一位著名诗人岑参写过一首《戏问花门酒家翁》诗：

老人七十仍沽酒，
千壶百瓮花门口。
道傍榆荚仍似钱，
摘来沽酒君肯否？

岑参是杰出的边塞诗人，他在天宝年间跟随名将高仙芝离开轮台（今新疆库车市），经历了漫漫瀚海的艰辛旅程，来到春光初临的凉州（今甘肃武威市）城中时，蓦然领略了道旁榆钱初绽的春色和亲见老人安然沽酒待客的诱人场面，怎能不在沐浴春光的“花门”（馆舍名）前酒店小驻片刻，让醉人的酒香驱散旅途的疲劳呢？但诗人不是索然寡味地实写付钱沽酒的过程，而是以榆荚形似钱币的外在特征抓住了动人的诗意，用轻松、诙谐的语调戏问了那位当垆沽酒的七旬老翁：“老人家，摘下一串白灿灿的榆钱来买您的美酒，您肯不肯呀？”这首诗中所描写的大西北小酒店，也给人们留下了极为深刻的印象。

酒店，也叫酒户、酒坊，又叫酒家。唐人杜牧《泊秦淮》诗中的“烟笼寒水月笼沙，夜泊秦淮近酒家”，就是采用“酒家”一词的千古名句。此外，还有酒馆、酒楼等名称。

我国历史上最早的沽酒店肆，传说是杜康酿酒成名后开办的“杜康酒店”；而见于史籍的，则有《韩子》中的“狗猛”酒店和《韩诗外传》中的“酒酸”酒店。说的是古时有人开了一家酒店，尽管待人很勤，盛的酒很满，酒也很美，但酒却卖不出去，以至于发酸。究其原因，原来是店内养了一条狗，当有顾客携带酒器来到酒店时，那条狗总是凶猛地迎上去张牙舞爪，使来人望而却步。这个故事发生在战国时期。到了汉代，司马相如与卓文君在四川开办过“夫妻酒店”，一直被后人传为佳话。唐宋以后，酒店林立，种类也越来越多。如《古杭梦游录》一书就记述有："酒肆店，宅子酒店，花园酒店，直卖店，散酒店，庵酒店，罗酒店，除官库、子库、脚店之外，其余皆谓之拍户有茶饭店，包子店。"

都市开设的酒店等级明显，装饰讲究。宋人孟元老《东京梦华录》中就载有北宋都城汴梁（今河南开封市）开设酒肆等店号的见闻。而宋人吴自牧所著《梦粱录》中，则详细记述了南宋时代都城临安（杭州）开设酒肆的景况。

《梦粱录》卷十六列有"酒肆"一节。其中，对康、沈、王、施、郑、严等几家酒店的介绍更为突出。如讲康、沈酒店："中瓦子前武林园，向是三元楼康沈家在此开沽，店门首彩画欢门，设红绿杈子、绯绿帘幕，贴金红纱栀子灯，装饰厅院廊庑，花木森茂，酒座潇洒。但此店入其门一直主廊约一二十步，分南北两廊，皆济楚阁儿，稳便坐席。向晚灯烛荧煌，上下相照。"再如其他几处酒店："次有南瓦子熙春楼王厨开沽，新街巷口花月楼施厨开沽，融和坊嘉庆楼、聚景楼，俱康、沈脚店，金波桥风月楼严厨开沽，灵椒巷口赏新楼沈厨开沽，坝头西市坊双凤楼施厨开沽，下瓦子前日新楼郑厨开沽。"此外，还有"包子酒店""肥羊酒店""直卖酒店（不卖下酒食品）""兼卖酒店"等。至于各种酒店的顾客，差异比较明显，即使同到一家酒楼，也有楼上楼下之分："大凡入店，不可轻易登楼，恐饮宴短浅。如买酒不多，只就楼下散坐，谓之'门床马道'。"

从《梦粱录》对杭州酒肆的记述来看，酒楼所占的比例很大。酒楼是都市酒店中的高等建筑，因而历来受到重视。铢庵著《人物风俗制度丛谈》一书认为："酒楼之设，所以徕远人，盛都市，此制自古有之。"三国时期曹植《美女篇》中，有"青楼临大路，高门结重关”之句，可能就是讲官建的酒楼。《南史·李安人传》中，有明帝在新亭楼犒劳诸军，并进行“樗（chū）蒲（古代一种游戏，像后代的掷色子）官赌的记载，新亭楼可能也是酒楼。到了唐代，酒楼渐多，楼名不胜枚举，并出现了许多吟咏酒楼的名句。李白《寄东鲁二稚子》一诗中的“南风吹归心，飞堕酒楼前”、《梁园吟》一诗中的“人生达命岂暇愁，且饮美酒登高楼”，李商隐《风雨》一诗中的“黄叶仍风雨，青楼自管弦”，就是这方面的例子。宋代时，更为重视酒楼的设置。《东京梦华录》所记载的集贤楼、莲花楼、礼乐楼、宣德楼之类，三层相高，五楼相向，各有飞桥栏干。《梦粱录》另外述谈道：“曩（nǎng）者（从前）东京杨楼、白矾、八仙楼等处，酒楼盛于今日，其富贵又可知矣。”

朱元璋统一天下、建立明朝后，也新建了不少酒楼。据《明实录》记载，先命工部在南京修建十楼于江东诸门之外，令民间开设酒肆以迎接四方宾客；至洪武二十七年（1394）八月，又新建成酒楼五座。这些京都酒楼分别称名为南市楼（另有一北市楼建成被焚，未计在内）、来宾楼、重译楼、集贤楼、乐民楼、鹤鸣楼、醉仙楼、轻烟楼、淡粉楼、柳翠楼、梅妍楼、石城楼、讴歌楼、清江楼、鼓腹楼。朱元璋还在位于西关中街之南的“醉仙楼”宴赐百官。据说，他修建酒楼和开设酒肆的用意，是想显示海内太平和与民偕乐，但在封建社会，这只能是海市蜃楼而已。

诗鬼借酒讽帝王

唐代诗人李贺，喜爱饮酒，也写有大量与饮酒有关的佳作。现来鉴赏他的代表作之一《秦王饮酒》。诗云：

秦王骑虎游八极，
剑光照空天自碧。
羲和敲日玻璃声，
劫灰飞尽古今平。
龙头泻酒邀酒星，
金槽琵琶夜枨枨。
洞庭雨脚来吹笙，
酒酣喝月使倒行。
银云栉栉瑶殿明，
宫门掌事报一更。
花楼玉凤声娇狞，
海绡红文香浅清，
黄鹅跌舞千年觥。
仙人烛树蜡烟轻，
青琴醉眼泪泓泓。

这首诗被鉴赏家誉为“唐诗宝库中一颗散发出异彩的明珠”。诗中的秦王，被描述成一位功与过都比较突出的君主。诗句既写了他的武功，又把重点放在了饮酒上。

诗中的前四句简要地描述了秦王勇武豪雄的威仪：他骑着凶猛威风的百兽之王老虎周游驰骋；他借用宝剑的光华照射碧洗天宇；他的壮举竟使神话中驾驭太阳之车的仙人羲和畏惧地“敲日”，惊慌地逃跑了；他通过勇战荡尽劫灰，使得四海之内呈现出一片升平的景象。这一系列描述，可谓形象夸张，鲜明生动，境界开阔传神，令人印象深刻。

此诗从第五句起的笔墨，都是描绘秦王如何寻欢作乐。秦王洋洋得意，不再励精图治，而是沉湎于宴乐声歌之中，过起了花天酒地的腐朽生活。

“龙头泻酒邀酒星”，从巨型龙头器物中倾泻出大量美酒，并特邀主管宴饮的酒星从天上降临，为宴会增光添彩，劝请赴宴者开怀畅饮。

酒星，是星名。《后汉书·孔融传》注引：“酒之为德久矣。……故天垂酒星之耀，地列酒泉之郡，人著旨酒之德。”酒星即酒旗之星。《晋书·天文志》载：“酒旗三星，在轩辕右角南，酒官之旗也，主宴享饮食。”唐代皮日休《李翰林白》诗，有“吾爱李太白，身是酒星魄”之句。

在场面盛大的宴饮过程中，琵琶、笙等精良的乐器伴奏出优美的音乐，绵延不绝。

整夜饮酒作乐的秦王还不满足。“酒酣喝月使倒行”，试图喝令月亮返转倒行，阻止白昼的到来，以便让他继续尽情享乐，作无休无止的长夜之饮。

秦王显示出的威迫凌厉的气势，暴戾恣肆的醉态，使人望而生畏，不敢忤逆。就连掌管内外宫门之人，竟把空中云彩变白、已过五更的天亮，谎报为才过一更。而已经歌声微弱的歌女，舞步踉跄的舞伎，泪眼泓泓的妃嫔，仍然只得强打精神，勉为其难地维持衣香烛烟的豪华绮丽场面。

诗歌以“青琴醉眼泪泓泓”的冷语作结，气氛跌宕、哀怨、无奈、讥诮。这种饮酒场面，被清初姚文燮（xiè）《昌谷集注》描述为：“恣饮沉湎，歌舞杂沓，不卜昼夜。”

鉴赏此诗，会带来一个问题：这个饮酒的“秦王”，指的是哪一位帝王？人们很容易联想到秦始皇，但也不乏其他君主的身影。有评论认为，唐德宗李适正是这样的人。他即位以前，曾以兵马元帅身份平定史朝义之乱，又以关内元帅之职出镇咸阳，抗击吐蕃。即位后，见祸乱已平，国家安泰，便纵情享乐。于是，李贺在诗中借写“秦王”恣饮沉湎的形象，隐含对唐德宗的讽喻之意。

李贺写诗，题旨多在“笔墨蹊径”之外。他写古人古诗，大多用以影射当时的社会现实，或者借以表达自己郁闷的情怀和隐微的思绪。

李贺，字长吉，福昌昌谷（今河南宜阳县）人。唐皇室远支。生于唐德宗贞元七年（791），卒于宪宗元和十二年（817）。他七岁能辞章，十几岁时被称为“东京才子”“文章巨公”。所作诗善于熔铸词采，驰骋想象，喜好运用神话传说，创造出新奇瑰丽的诗境，富有浪漫气息。其写诗风格，从《秦王饮酒》及《致酒行》《长歌续短歌》等代表作中可见一斑。

李贺享年二十七岁，历经唐德宗、唐顺宗、唐宪宗三朝，曾官奉礼郎。他在《长歌续短歌》诗中，也写到“秦王”，有诗句云：

长歌破衣襟，短歌断白发。
秦王不可见，旦夕成内热。
渴饮壶中酒，饥拔陇头粟。

诗中是写他自己进见“秦王”的愿望未能实现，因而内心更加郁闷，像是烈火中烧，炽热难熬，于是饮酒平息内热，消愁解闷，并不惜忍饥挨饿，靠从地里拔粟充饥。不过，这里说的“秦王”，已不是隐喻唐德宗，而是当指唐宪宗。

李贺在世时，唐宪宗李纯还能有所作为，曾采取削藩措施，重整朝政，史家有“中兴”之誉。李贺因避家讳，被迫不得应进士科考试，处于遭受排挤打击之境，遂寄希望于能见到皇帝，以实现他的政治理想。幻想破灭，未能如愿以偿，李贺只得借酒浇愁。

李贺在《秦王饮酒》中，借“秦王”之名以隐喻唐德宗；在《长歌续短歌》中，又以“秦王”隐喻唐宪宗。这种手法，正是李贺写诗“意转隐晦”的特点。况且他也不可能直白地指出两位皇帝的身份。写为“秦王”，可谓一语双关。正如李琦《李长吉诗歌汇解》所论：“时天子居秦地，故以秦王为喻。”

显然，李贺的饮酒兴致，也激发了他写诗时的奇特想象，并以渲染“喝得很多”，为秦王的显赫威势增添了浓郁的异彩。

酒馆楹联雅趣生

传说古时有一家山庄酒馆，因生意清淡，店主准备关门停业。恰巧有一位过路的读书人进店用膳，听店主诉说苦衷后，深表同情，便让店主拿来文房四宝，挥笔写下了一副对联：

东不管西不管酒管，
兴也罢衰也罢喝罢。

接着，读书人又写下“东兴酒家”作为店名。店主把对联贴出后，生意日渐兴旺，顾客盈门。一个行将倒闭的酒馆，由于贴上了精心撰写的对联，竟然时运好转，这固然与对联的内容适应了当时顾客的消极心理有关，而对联的形式受到人们的喜爱，也是一个重要因素。对联作为一种个性独特的文学形式，历来被酒家作为酒馆门面的重要点缀，用以夸酒迎客。而在对联的构思上，则是各有巧妙。

有些酒馆的对联，采用了夸张手法，妙趣横生。如在《履园丛话·笑柄》中，记载了这样一副趣联：

入座三杯醉者也，
出门一拱歪之乎。

这副对联，是该书作者钱泳在河南永城、睢州一带的酒店所见，被评论为“足供喷饭”。对联上下两句，都以酒客为描写对象，由“入座”“三杯”“醉”“出门”“一拱”“歪”几个片段，写出了酒客饮酒的全过程。尤其是一个“拱”字，把酒客形容得醉态可掬。而且，头重脚轻的醉汉勉力维持礼数，双手一拱合抱致敬，却又失去平衡的场面，本已十分可笑，却偏还要加上个“之乎者也”的恶作剧式的尾巴，更平添了几分戏谑。这副以诙谐的风格、反衬和夸张的手法来夸赞酒的对联，收到了较好的效果。

再如下面的对联：

美味偏招云外客，

清香能引洞中仙。

这副旧时酒馆常用的对联，把美酒夸赞到了神奇的程度。

还有些酒馆的对联，借用了名人典故，颇为精巧。如在广东潮州，旧时候有一间“韩江酒楼”，楼上就挂着这样一副对联：

韩愈送穷刘伶醉酒，

江淹作赋王粲登楼。

韩江为广东东部河流，流经潮州，韩江酒楼的这副联语嵌有四个名人及其事迹：

韩愈，“唐宋八大家”之一，擅长作文，曾被贬为潮州刺史。写有著名杂文《送穷文》，所以联语中称“韩愈送穷”。

刘伶，晋代“竹林七贤”之一，以嗜酒著称。所以联语中称“刘伶醉酒”。

江淹，字文通，南朝梁著名文学家，擅长作赋。他所写的《恨赋》《别赋》等较为有名，所以联中称“江淹作赋”。

王粲，东汉末年“建安七子”之一。曾作《登楼赋》，为千古名篇，所以联语中称“王粲登楼”。

四位古代文人都与诗酒有关，即都曾失意落魄，同有一腔愁绪，寄托诗酒。

这副对联的联首，合起来为“韩江”二字，既有地方特色，又突出了店名；联尾则合起来为“酒楼”二字，体现了行业特点。本联缘人造境，构思雅致，给人以奇特有趣之感。

再如下面两副对联：

瓮畔香风眠来吏部，
楼头春色醉倒谪仙。

市上数百家此是李翰林快乐处，
瓮边尺寸地可为毕吏部酣醉乡。

这两副对联都借用了毕卓和李白的典故。据《晋书》载，毕卓为吏部郎，常饮酒废职，曾因半夜酒瘾大发而到邻居家的酒瓮边“盗饮之”。李白则曾酣饮于太白楼和“长安市上酒家眠”。

还有些酒馆的对联，巧用了唐诗名句，十分工整。如清代人黄萃田为酒楼拟过一副对联：

劝君更尽一杯酒，
与尔同销万古愁。

这副对联的上联，出自唐代王维的七言绝句《渭城曲》一诗；下联则摘取唐代李白的七言古诗《将进酒》的最末一句。上下联同是一代诗豪广为流传的名句，巧妙之中又见贴切。不仅结构、平仄以至于字数都很工整，而且均是向朋友劝酒，口气相似，颇有雅意。

还有些酒馆的对联，摘用了古书片言，浑然一体。如在清代林庆铨《楹联述录》中，记载了福州城内一家酒馆的对联：

有同嗜焉从吾所好，
不多食也点尔何如。

这副对联的语句，看似平淡无奇，其大意是说：对饮酒有癖好的，那么跟我的爱好是相同的；不过不必喝得太多，一点点怎么样？其实，这两句话分别从《孟子·告子上》《论语·述而》《论语·乡党》《论语·先进》摘取而来，却又不拘原意，浑然天成，令人为之叫绝。

还有些酒馆的对联，运用了比较新颖的方式。如清代钱泳所撰《履园丛话·笑柄》中，记载了一副酒店联：

刘伶问道谁家好，
李白回言此处高。

这副对联的内容，由魏晋时的“酒龙”与唐朝时的“酒仙”一问一答，夸奖酒家，充满了浪漫的色彩和幽默的笔调，具有诙谐的喜剧效果。

又有些酒馆的对联，注重追求意境，耐人寻味。如有一家酒铺的对联是这样写的：

沽酒客来风亦醉，

卖花人去路还香。

这副对联具有诗的格调。“沽酒客”和“卖花人”，点明了路旁的幽静环境；“来”和“去”则以动衬静，“风亦醉”和“路还香”，进一步给人以触觉、视觉和嗅觉的感染。其次，用“客来”和“人去”二词，也属高明手法：只有行人稀少，“醉”“和“香”才能长飘不散，不受干扰。此外，整副联平淡自然、余香萦绕，与元朝诗人陈樵的诗句“卖花人去蝶先还”相比，各有千秋。陈樵的诗用蝶来侧面写香，更为间接含蓄一些，而此联用路来体现香气，能给人以深远的感觉。酒铺挂用此联，不求其真，但求其味，意在博得一些风雅人士的光顾欣赏，自有高明之处。

青旗匾额沽酒家

宋代政和年间，画院召试画家，多以唐人诗句为题。有一次，出题为“竹锁桥边卖酒家”，画家们都画得十分认真。有的既画了成片的竹林，又画了卖酒的小客店，尤其是酒家，画得更为细致逼真。可是，这些画都没有获得好评。画家李唐的构思与众不同：仅画了一座小小的木桥，桥边竹林外，挑出一面酒旗，上写一个“酒”字。这幅画立即被公认为是最好的作品。李唐这幅画之所以获得好评，妙就妙在意蕴含蓄不露，给人留下驰骋想象的天地。诚然，“酒旗”在这幅画中发挥了举足轻重的作用。

酒旗，又叫酒帘、酒旆（pèi）、酒幌、酒望、酒招，也叫青旗、招旗、青帘、杏帘，望子、招子等。古时候，酒家把布匹缀在竿头，高高地悬挂在店门的上方，作招徕酒客之用。在元代马致远杂剧《吕洞宾三醉岳阳楼》里，就有这样的句子：“今日早晨间，我将这镟锅儿烧的热了，将酒望儿挑起来，招过客，招过客。”

关于酒旗的大小、颜色和张挂情况，古人曾有一些论述。如宋代窦苹《酒谱》中，就有“帘赋”警句：“无小无大，一尺之布可缝；或素或青，十室之邑必有。”宋代洪迈在《容斋随笔》续笔十六《酒肆旗望》中，也作了详尽的描述：“今都城与郡县酒务，及凡鬻酒之肆，皆揭大帘于外，以青白布数幅为之，……唐人多咏于诗，然其制盖自古以然矣，韩非子云：‘宋人有沽酒者，升概甚平（意为“盛酒平满”），遇客甚谨，为酒甚美，悬帜甚高。’”《坚瓠集》中有这样的评论：“《韩非子》云‘宋人沽酒，悬帜甚高’。酒市有旗，始见于此。”韩非子是战国末期人，可见，酒旗的渊源应追溯到两千多年以前。

正如洪迈所指出的，唐代诗人歌咏酒旗的诗句颇多。杜牧《江南春》中的“千里莺啼绿映红，水村山郭酒旗风”；张籍《江南行》中的“长干午日沽春酒，高高酒旗悬江口”，李中《江边吟》中的“闪闪酒帘招醉客，深深绿树隐啼莺”，白居易《杭州春望》中的“红袖织绫夸柿蒂，青旗沽酒趁梨花”；李商隐《赠柳》中的“忍放花如雪，青楼扑酒旗”等诗句就是例证。这也从一个侧面，体现了酒旗的影响之深。

酒旗的招徕作用确实是明显的。它或在街坊市井高悬，或在水村山郭飘拂，给行人酒客指明鬻酒之所，招引他们入肆畅饮。

《水浒传》第二十三回写武松来到阳谷县地面，“当日晌午时分，走得肚中饥渴，望见前面有一个酒店，挑着一面招旗在门前，上头写着五个字道‘三碗不过冈’”。武松进入酒店内，拿起碗一饮而尽，恰好吃了三碗酒，又一而再，再而三地敲着桌子喊酒家添酒。这酒叫作“透瓶香”，又唤作“出门倒”。武松却几破店规，竟吃了十五碗酒。然后绰了哨棒，立起身来道；“我却又不曾醉。”走出门前来，笑道：“却不说‘三碗不过冈’！”手提哨棒大步走上景阳冈，终于凭着酒力，打死了那只害人非浅的吊睛白额大虫。有人评论，武松之所以接连喝酒，与那酒旗上五个字的挑逗有关。此话不无道理。

宋代词人黄庭坚在《诉衷情》下阕中，也把酒旗的撩拨作用描写得活灵活现："山泼黛，水挼蓝，翠相搀，歌楼酒旆，故故招人，权典青衫。"请看，招引人的酒旗，撩拨起词人的酒兴，虽然身无分文，也不得不脱下青衫，作为典押，以换取一时的畅饮。

上述事例，当然含有文人的艺术渲染。不过，作为特殊的广告——"酒旗"，其奇妙作用是不可低估的。俗话说"酒好还须幌子高"，酒店的生意与酒旗紧密相连。因此，酒旗历来受到酒家的重视。有的酒家不仅精心制作酒旗，而且精心设计匾额，使两者相映成趣，扩大影响。

据《坚瓠集》载，明代正德年间，朝廷开设了一家酒馆。馆前高挂一面酒旗和两块匾额。酒旗上写着："本店发卖四时荷花高酒。""荷花高酒"的含义，犹如南方人所说的"莲花白酒"。两块匾，一块写着"天下第一酒馆"，另一块写着"四时应饥食店"。酒旗匾额为这家酒馆招引了不少顾客。

《清稗类钞》中，记载了一个以"饮也"作堂额的趣事。南海人黎二樵，善于吟诗写字作画，得名后赴京都应试。当他路过南雄岭时，酒店主人闻知他的名声，乘其醉后，拿出绢素请求书写堂额。当时，正巧传来邻厅的大饮声，黎二樵便挥毫大书"饮也"二字，取谐音之义。于是"饮也"二字，风行广东一带。凡墟坊场会蓬寮酒肆之座中，必有"饮也"二字。

在旧时的城乡酒肆，把斗大的"酒"字，或"太白遗风""闻香下马""刘伶停车""杜康佳酿"等字眼，书写于酒旗和匾额上的，就更是不计其数了。

葡萄美酒夜光杯

盛唐时并州晋阳（今山西太原市）人王翰，字子羽，曾做过驾部员外郎、汝州刺史、仙州别驾等官，后贬道州司马，是一名嗜酒诗人。他恃才傲物，狂饮无度，人皆恶之，但其所作的《凉州词》，却是一首传诵千古、脍炙人口的诗篇。全诗仅有四句：

葡萄美酒夜光杯，
欲饮琵琶马上催。
醉卧沙场君莫笑，
古来征战几人回？

这首诗每每读到，总要勾起人们对醇美的葡萄酒、精巧的夜光杯的种种遐想。

这里的所谓凉州，指今甘肃省河西陇右一带，唐时州治在今武威市。在唐代，凉州是葡萄酒输入中原的一个关口，同时也是将士出征的必经之地。在荒僻艰苦的环境里和紧张动荡的征戍生活中，边塞将士有幸遇到酒宴，举着夜光杯开怀畅饮，其欢乐的场面是不难想象的。

诗中所提到的夜光杯，是指一种白玉琢成的酒杯，充满了传奇的色彩。旧题汉东方朔《海内十洲记》云："周穆王时，西胡献昆吾割玉刀及夜光常满杯。……杯是白玉之精，光明夜照。"

所谓"白玉之精"，即为上等白玉，因洁白如脂，俗称"羊脂玉"，古时也有"白玉之英"的誉称。《穆天子传》中记载，穆天子西征登春山（即昆仑山）时，得到的"玉荣枝斯之英"，就是这种羊脂玉。"玉荣枝斯"，为古匈奴语，意即"白玉"。通常，白玉与青玉、碧玉、墨玉等统称"软玉"，它们都是由角闪石类矿物（主要是透闪石）组成。而"白玉之精"，是由化学成分比较纯净的纤维状透闪石组成，所以质地细腻、洁白如脂。用羊脂玉制作酒杯，由于非常莹薄，斟满葡萄酒后，"夕出于庭"，对月饮酒，月光可透过酒杯，出现"光明夜照"，有时月影还会映入杯中，故称"夜光杯"或"夜光常满杯"。

如今，甘肃酒泉已创办夜光杯工厂，用的是祁连山中的老山玉，又称酒泉玉，色泽有墨绿、鹅黄、羊脂白、翠绿色，熠熠生辉，深受中外人士的欢迎。人们喜爱这种酒杯，固然是因其精致奇美，而"葡萄美酒夜光杯"的千年佳话，恐怕更使人为之倾心不已。

自从王翰《凉州词》广泛流传以来，葡萄美酒赢得了越来越多的赞誉之辞。

金代诗人元好问有感于葡萄酿酒之秘，写了一篇《蒲桃酒赋》，对美酿及玉杯极力称赞道："西域开，汉节回。得蒲桃之奇种，与天马兮俱来。枝蔓千年，郁其无涯。敛清秋以春煦，发至美乎胚胎。意天以美酿而饱予，出遗法于湮埋。索罔象之元珠，荐清明于玉杯。露初零而未结，云已薄而仍裁。挹幽气之薰然，释烦悁于中怀。觉松津之孤峭，羞桂醑之尘埃。"他还在这篇赋的《序》中，发出了"饮之，良酒也"和"夫得之数百年之后，而证数万里之远"的感叹。

有趣的是，另有一位名叫王翰的文人，也写过一篇《葡萄酒赋》。这位王翰，与唐代写《凉州词》的王翰相隔了六百多年。据《明史》载，他是周王橚（sù）府长史。另据《山西通志》卷一百廿八载，他是夏县人，字时举。在明初洪武年间，王翰拜谒禹庙，“有以葡萄酒见饷者，其甘寒清洌，虽金柈之露，玉杵之霜，不能过也。饮讫，颓然而醉”。醒后欣然命笔，写下《葡萄酒赋》。赋中赞美道：“此真席上之珍也。或待诏于上林，或备问于几筵。或与金母之桃同荐，或与玉屑之露同蠲（juān）。”“泛然而挹春江之波，湛然若临秋月之潭。馔九天之珠玉，蜚万壑之烟岚。主人不觉气和而意适，体薰而心酣。颓然而就枕，不知明月之在西南。”看来，王翰的身心都深深地陶醉在葡萄美酒之中了。

明清两代，由于内地与西域的联系更为紧密，又涌现出了大量盛赞葡萄美酒的诗篇。

如明代学士曾棨的《陈员外奉使西域周寺副席中道别长句》中，有诗句云：

蕃酋出迎通汉语，
穹庐蒲萄酒如乳。
舞女争呈于阗妆，
歌辞尽协龟兹谱。
当筵半醉看吴钩，
上马便着金貂裘。

明人周恂如《送陈郎中重使西域》中，有诗句云：

蓟城官舍春开宴，
金樽绿酒欢相饯。
英雄漫说李将军，
意气宁惭班定远。

明代诗人吴伟业《行路难》中，有诗句云：

葡萄美酒樽中醉，
汗血名驹帐前立。

清代学者纪昀因事获罪，曾在乌鲁木齐谪戍两载，他吟咏西域的《物产六十七首》中，首先描述了葡萄酒：

蒲萄法酒莫重陈，
小勺鹅黄一色匀。
携得江南风味到，
夏家新酿洞庭春。

清代诗人易寿松《克腾木感怀》中，有诗句云：

杯螺夜酌葡萄熟，
宛马春餐苜蓿肥。

清代官至新疆布政司，并纂修《新疆图志》的王树枏，在《和南州二首》中，有诗句云：

美酒葡萄拼一醉，

为君换取紫貂裘。

清代湖南人、《西疆杂述诗》的作者萧雄，在《饮食》中有诗句云：

新酿葡萄瓮始开，

全家高会满擎杯。

读了这些诗句，会使人们对“葡萄美酒夜光杯”留下更为深刻、更为美妙的印象。

酒楼猜谜巧对联

酒楼，常常是某些文人学士涉足聚会之处，因而往往成为部分趣谜巧联创作流传之所。这方面事例不在少数，现仅举数例。

传说从前有一个姓李的秀才，爱好喝酒，也善于猜谜。一天，他又来到村外的太白楼酒店饮酒。酒家一看是老相识，便笑着说："我出一个谜给你猜，若猜中，请你开怀畅饮，分文不收；如果猜不中，那就要加倍收费了。"李秀才欣然应允。

于是，酒家有板有眼地念出一串话："唐虞有，尧舜无；商周有，汤武无。古文有，今文无。"

李秀才听了，略一思索，便说："我将你的谜底也做一谜，你听：'听者有，看者无；跳者有，走者无；高者有，矮者无。'"

酒家听了，笑道："还有，还有：'善者有，恶者无；智者有，笨者无；嘴上有，手上无。'"

李秀才这时心中已很明白，便胸有成竹地接着念道："右边有，左边无；后者有，前者无；凉日有，热天无。"

酒家连连拍手叫好，又道："哭者有，笑者无；骂者有，打者无；活者有，死者无。"

李秀才一边笑，一边接着念道："哑巴有，聋子无；跛子有，麻子无；和尚有，道士无。"

酒家听后，立即十分热情地摆出了丰盛的酒菜，请李秀才坐入上座，举杯向他敬酒。

太白楼酒店的这次猜谜比较精彩，由于李秀才与酒家都有较高的猜谜水平，因此，一个简单的“口”字，竟被他们作为谜底层层相叠，做成了一个比较精巧的连环谜。

传说，明代画家唐伯虎与名士张灵，曾在一家酒楼互相对唱，创作出一副对联：

贾岛醉来非假倒，
刘伶饮酒不留零。

联意说，贾岛（唐代诗人）真的喝醉了，并不是假装躺倒，刘伶把酒全都喝完了，竟一点儿零头也不留。其手法用的是同音。“贾岛”与“假倒”同音，“刘伶”与“留零”同音；前为名词，后为动词，语虽同音，义不相关，听起来难分，看起来又明白。这副出于酒楼的对联特色明显，流传甚广，曾被载入《解人颐》笑话集。

清代乾隆皇帝在酒楼与人互对“字形巧联”的趣闻，也流传很广，《冷庐杂识》等书籍中均有记述。

传说乾隆下江南巡视期间，有一次在江苏镇江一家酒楼上，与大臣共饮。席间唤来一位姓倪的歌姬弹唱助兴。一曲唱罢，乾隆乘兴口出一联：

妙人儿（兒）倪家少女。

歌姬不知面前就是乔装打扮的当今皇帝，便无所顾忌地出口答道：

大言者诸葛一人。

答联由“大”字拆为“一人”和“诸”字拆为“言者”相合而成，与由“妙（少女）”和倪（人儿）二字拆合而成的上联对应，十分工巧，乾隆不禁拍案叫绝，即命赏酒三杯。后见酒少壶冷，乾隆便又出一联：

冰（氷）冷酒，一点水，两点水，三点水。

只见官至工部尚书、协办大学士的南昌人彭元瑞应声对答道：

丁香花，百人头，千人头，万（萬）人头。

乾隆在上联中以“冰（氷）冷酒”三字为题目，指出它们各带“一点水，两点水，三点水”，而彭元瑞则精选出“丁香花”三字来应答，然后依次说明三字上部笔画为“百”之头，“千”字头，“万（萬）”之头，对应工整，因此众人无不称妙。

清代嘉庆年间，应州（即今广东梅州市梅县区）一家远近知名的酒楼上，曾出现过一桩舞墨题联与挥毫答联的趣事。这家酒楼时常是迁客骚人云集，座无虚席，免不了有人出联对句，显示才学。一天，有位外地的风流文士在此饮酒，他见楼外有一樵夫挑着满满一担干柴路过，便开砚舞墨，在酒楼的墙壁上题写了一句上联：

柴重人轻，轻担重。

文士题毕，看看众人，飘然而去。在场的众多雅士官宦，全都注目凝神，想对出佳句，但搜肠刮肚许久，却没有一个能对得出来。不料，有名少年略经思索，挥毫写出下联：

路长脚短，短量长。

此联对得自然贴切，众人看后，赞叹不已。

还有一则民间故事，讲述了三个文人在酒楼饮酒后，以对句告辞离座的情形。说是三个人都喝得差不多时，一个要走，一个不让，非要比个高低不可。

于是，要走的文人振振有词地说道："我好歹不参战啦，你们何必勉强呢？二位听我讲：上有清江，下有长江，江对江，出门遇着小周郎。你只管得着你的东吴地，管不起刘备的兵和将。我要走了。"

另一个一听，也打了退堂鼓，他朝告辞的文人一望："我也讲几句：上有南阳，下有汉阳，阳对阳，出门遇着诸葛亮。他只能辅佐刘后主，辅不到大明的朱元璋。我也要走了。"

那个原先不让别人走的文人，其实也不能再喝了，便扶梯子一边下楼，一边说："上有陈昌，下有武昌，昌对昌，出门遇着关云长。他身在曹营心在汉，千里单骑走为上。我先走啰！"

神童妙对皆称奇

在我国历史上，有一些少年才子，由于自幼勤奋，开智较早，被人们称为“神童”。他们在参加酒宴时，巧行酒令，妙对佳联，显示出惊人的才智。

“神童”对答令句的特点之一，是反应迅速，捷足先登。如明代成化年间进士杨廷和，幼年早慧，七岁能通诗文，十二岁考取秀才，十九岁就中了进士。他七岁那年，父亲在四川新都家中摆设酒宴会友。杨廷和也跟着大人凑热闹。“酒逢知己千杯少”，大家开怀畅饮，酣而忘归，不知夜已阑珊。客人中有的说时辰已到一更，有的说已到二更，还有的说是二更半。这时，杨廷和的父亲被“二更半”的说法引起兴趣，便顺口道出一个联句酒令让众客应对：

一夜五更，半夜五更之半。

众客人闻联低头默思，一时鸦雀无声。不料，正在一旁的杨廷和已领先拟就下联，说了声“我来对”，便稚声稚气地答出一联：

三秋八月，中秋八月之中。

此联一出，众客哗然。原来古人将秋天分为三个阶段，即初秋，中秋和晚秋，并分别称之为孟秋、仲秋和季秋，八月恰在中秋。因此，杨廷和赢得一片夸赞声。

再如，北宋文学家、诗人王禹偁，自幼聪颖过人，六七岁时，就初享才名。有一天，他作为一名“小友”，跟随从事毕文简出席了郡太守举行的酒宴。饮酒间，太守颇为兴奋，拟出了一联酒令让众位宾客作对：

鹦鹉能言难似凤。

出句之后，众宾客跃跃试对，意欲争先。可是，经过一阵冥思苦想，却无人应对。虽有几人搜尽枯肠，对了几个句子，却被太守摇头否定。正当众客一筹莫展时，王禹偁用清脆的稚音说道：“我来对。”他在众客鄙夷的笑声中，不慌不忙地对出了下联：

蜘蛛虽巧不如蝉。

顿时，四座鼎沸，赞叹不绝。

“神童”对答令句的特点之二，是工巧文雅，脱俗自然。如清代著名诗人王士禛，幼年聪敏，好学善问，他是明末书法名家王象咸的侄孙，十岁前即能作诗答对，倍受老辈人赏识。一天，王象咸正与胞兄相对饮酒，王士禛等一群小兄弟跑到两位老人面前嚷嚷着要学写字。当时，王象咸兄弟酒兴正浓，王兄便提出一个条件：“我出个上联，谁能对出，就教谁写字。”出联是：

醉爱羲之迹。

王士禛听罢，双眉一展，对出下联：

狂吟“白也”诗。

乍一看，这联句中的“白也”似乎不通，但学问精深的王象咸兄弟却都明白，其出处在唐代杜甫《春日忆李白》的诗句“白也诗无敌”之中。此联以“也”对“之”，极为工巧，而且很有气魄。于是，兄弟俩齐声夸赞，乘着酒兴教王士禛写起字来。

再如，明代成化年间进士、镇江人杨一清，因满腹才学，十二岁时已考中举人，一时传为奇闻，后来进京时，朝中官员相邀摆设酒宴招待杨一清。席间文武两班齐递美酒两杯，国公随口道出一个联语酒令：

手执两杯文武酒，
饮文乎？饮武乎？

杨一清听罢，当着重臣、名士之面不卑不亢，将两杯美酒一饮而尽，然后回对道：

胸藏万卷圣贤书，
希圣也，希贤也！

听完杨一清的对句，满堂赞叹之声。对句中的“希”字，作“仰慕”解，意思是自己的这点学问与圣贤还无法相比，自己诚挚地倾慕他们，表现出杨一清的谦虚。酒过三巡，一学士又出句让杨一清答对，吟道：

鸿是江边鸟。

这是一句拆字对，即拆“鸿”字为“江”“鸟”二字。杨一清稍作思索，便敏捷地对出下句：

蚕为天下虫。

杨一清也用拆字手法。拆“蚕”字为“天（以形近字代‘天’）”、“虫”二字。“鸟”在“江”边，“虫”在“天”下，拆字顺理，叙事自然，堪称妙对，因此众人赞不绝口。

“神童”对答令句的特点之三，是别开生面，内容清新。如在清朝雍正年间，吴江地区有三个年仅七岁的“小秀才”：孙寅、朱光、戚琳。一天孙寅发出请帖，邀请朱光和戚琳来家里做客。三个“小秀才”聚集在一起，十分引人注目，左邻右舍的男女老少闻讯后纷纷赶来看热闹。

宴会开始后，孙寅提出要行酒令，对酒令的具体要求是：先吟一首古人的诗，并有意漏掉诗中的一个字，然后再吟一首诗，并能用这后一首诗中的某一句，来说明前一首诗中漏掉一个字的原因。尽管行这种酒令的难度较大，但朱光和戚琳一听，齐声夸好，催主人立即行令。

于是，孙寅胸有成竹地吟了一首唐诗，并按规定少了一个字。

独怜幽草涧边生，
上有黄鹂深树鸣。
春潮带雨晚来急，
野渡无人　自横。

为了能让里里外外的观众看个清楚，有两个文人亲自将孙寅所行的酒令端端正正地抄写下来，张贴在大门口。

大家看孙寅故意漏掉的一个字，是“舟”，便问道：“那个‘舟’字为何不见了呢？”

孙寅便又吟李白的《早发白帝城》一诗，作为回答：

朝辞白帝彩云间，
千里江陵一日还。
两岸猿声啼不住，
轻舟已过万重山。

吟这首诗的意思是说：“舟”已越过“万重山”远去了，所以在前一首诗中不见了。大家看见贴出的回答诗后，为之齐声喝彩。

接下来，轮到朱光行酒令了，只见他不慌不忙、笑容可掬地吟了一首唐代王昌龄的《出塞》诗：

秦时明月汉时关，
万里长征人未还。
但使龙城飞将在，
不教胡　度阴山。

朱光故意漏掉一个“马”字。大家看见后，不禁问道：“那个‘马’字为什么不见了？”

朱光又朗朗地吟出唐代韩愈的《左迁至蓝关示侄孙湘》作答：

一封朝奏九重天，
夕贬潮州路八千。
本为圣明除弊事，
肯将衰朽惜残年！
云横秦岭家何在？
雪拥蓝关马不前。
知汝远来应有意，
好收吾骨瘴江边。

朱光吟韩愈这首诗的用意是说：前一首诗中的“马”被蓝关的大雪阻挡住，所以看不见了。大家一看，又是一阵热烈的喝彩。

第三个行酒令的是戚琳。他站起来流利地吟了唐代王驾的一首《雨晴》诗：

雨前初见花间蕊，
雨后全无叶底花。
蜂　纷纷过墙去，
却疑春色在邻家。

戚琳故意漏掉一个“蝶”字。大家便问“‘蜂蝶’的‘蝶’字在哪里呢？”戚琳随即吟出宋代杨万里的《宿新市徐公店》一诗作答：

篱落疏疏一径深，
树头花落未成荫。
儿童急走追黄蝶，
飞入菜花无处寻。

戚琳吟杨万里这首诗的意思是说：黄蝶飞入菜花，所以不见了。众人又是一阵连声叫好。

三位“小秀才”在酒宴间思路敏捷，以名诗联璧的形式来行酒令，别具一格，堪为“神童”对答令句的佳例。

西域葡萄醉大才

元代名臣、政治家耶律楚材，曾写过一首《西域家人辈酿酒戏书屋壁》的诗：

西来万里尚骑驴，
旋借葡萄酿绿醑。
司马卷衣亲涤器，
文君挽袖自当垆。
元知沽酒业缘重，
可奈调羹手段无。
古昔英雄初未遇，
生涯或亦隐屠沽。

这首讲酿造葡萄酒的诗，确实称得上是“戏书”。了解耶律楚材生平的人一看，就会觉得很有趣味。

在《元史·耶律楚材传》中，耶律楚材是被誉为“博极群书，旁通天文地理衍数及释老医卜之说”的“大才”人物。这位名人，在成吉思汗十年（1215）取燕后，被召为左右司员外郎，颇受太祖铁木真的信任。铁木真曾对其子窝阔台汗说：“此人，天赐我家。尔后军国庶政，当悉委之。”窝阔台（太宗）即位后，拜耶律楚材为中书令，立策立制，军国重事俱与他商定，凡蒙古陋风悉为改革。他在太祖、太宗两朝任事三十年，他提出的诸多建议为元朝的建立奠定基础。耶律楚材曾于公元1218年随从西征，行五六万里，留西域六七年，并写下了许多诗文。在他的《湛然居士集》十四卷中，仅吟咏西域的诗就有近百首，而其中涉及葡萄和葡萄酒的诗篇占了相当大的比重。

耶律楚材喜欢喝酒，但反对饮酒过多。他曾劝谏皇上不可过量饮酒，而其本人，有时却也喝到酣醉的程度。一次，他与诸王饮宴，醉卧车中。皇上登车用手摇撼他，他竟熟睡不醒。正当皇上恼怒之际，他忽然睁开双眼，才知道是皇上来到，慌忙起身谢罪。皇上说：“有酒独醉，怎么不与我同乐呀？”说完笑着走了。可想而知。耶律楚材在西域期间，怎能不对馥郁醉人的葡萄酒产生极大的兴趣呢？

耶律楚材在诗中把葡萄酒称为“佳餐”。他在《再用韵纪西游事》一诗中写道：

河中花木蔽春山，
烂赏东风纵宝鞍。
留得晚瓜过腊半，
藏来秋果到春残。
亲尝芭榄宁论价，
自酿蒲萄不纳官。
常叹不才还有幸，
滞留遐域得佳餐。

从诗中可以看出，耶律楚材为自己得以在西域尝到葡萄酒及其他瓜果而感到快慰。

对西域用葡萄酿酒的情景，耶律楚材也作了不少的描绘。如在《西域河中十咏》中，有这样一首：

寂寞河中府，连甍及万家。
蒲萄亲酿酒，杷榄看开花。
饱啖鸡舌肉，分餐马首瓜。
人生唯口腹，何碍过流沙。

耶律楚材还有一首《庚辰西域清明》诗，抒发了“葡萄酒熟”时“醉眼明”的心情：

清明时节过边城，
远客临风几许情。
野鸟闲关难解语，
山花烂漫不知名。
蒲萄酒熟愁肠乱，
玛瑙杯寒醉眼明。
遥望故园今好在，
梨花深院鹧鸪声。

耶律楚材看望友人，自然也少不了喝葡萄酒。他有一首《西域蒲华城赠蒲察元帅》诗，这样写道：

骚人岁杪到君家，
土物萧疏一饼茶。

相国传呼扶下马，
将军忙指买来车。
琉璃钟里葡萄酒，
琥珀瓶中杷榄花。
万里遐方获此乐，
不妨终老在天涯。

他还有《戏作二首》，以“葡萄新酒泛鹅黄”“葡萄酒熟红珠滴”“招引诗人入醉乡”等诗句，记述了葡萄酒熟时，引入醉乡、乐而忘返的情景。

耶律楚材另有一首较长的诗《对雪鼓琴》，以“慷慨樽前一绝倒”等诗句，把开怀痛饮、高谈阔论的激昂气氛与情意，表达得酣畅淋漓。

看来，西域葡萄酿成的美酒，确实醉倒了耶律楚材这位大才。

酒巷雅酌展文才

泸州酿酒，肇自远古。西汉时期，泸州酒业已经颇负盛名。汉景帝时，辞赋家司马相如，远在临邛，遥望蜀南，写过一篇《清醪》，抒发了对泸州美酒的偏爱：“……吴天远处兮，彩云飘拂；蜀南有醪兮，香溢四宇；当垆而炖兮，润我肺腑；促我悠思兮，落笔成赋。”大量史料表明，历朝历代，像司马相如一样对泸州美酒“悠思”渴望者不乏其人。“唐宋八大家”之一的苏东坡，就是一例。

苏东坡虽然“少年多病怯杯觞”，但并不妨碍他对酒的浓厚兴趣和独到领悟。当他被贬惠州时，在“悠思”中收到家人从四川老家带去的两罐泸州美酒。他喜不自禁，举杯畅饮，诗兴大发，吟出了《浣溪沙·夜饮》。以“佳酿飘香自蜀南，且邀明月醉花间，三杯未尽兴尤酣”和“凝眸迷恋玉壶间”等名句，道出了泸州酒的香美和他对泸酒的“迷恋”。

唐宋元明清各代，皆有“蜀中士子莫不酤酒”，且钟爱泸州美酒的记载和传说。

话说清朝末年，有蜀中士子李举人、王举人、张举人，结伴同行赶考，乘船来到泸州。船未靠岸便闻及酒香，遂下船进城寻找好酒。只见街巷作坊林立，酒肆连户，果然呈现“川南第一州”之繁富景象。酒馆遍布，哪家最好？三人访得城外营头沟温永盛大曲酒为最。来到城南营头沟之深巷，东拐拐，西弯弯，北绕绕，竟在巷尾最后一家。“真是好酒不怕巷子深，老窖大曲醉煞人！”三位举人大为感叹。

三举人乘兴入座，举杯品尝，连称“好酒”！

李举人道：“文人之饮，除须有所嗜名酒外，还崇尚一个‘雅’字，往往借酒寻找精神的解脱和灵感的火花。强调的是饮酒对象的高雅，环境的幽雅，氛围的清雅，酒令的文雅。眼下在此酒城静巷，既有老窖佳酿，又有对象、环境、氛围之雅，何不再展你我胸中之才，以文雅酒令锦上添花？”

王举人和张举人闻言，喜形于色，齐声问道：“这雅令如何行法？”

李举人道：“咱们今天以解脱放松为主旨，不行四书五经名句之令，先围绕已流行的文学名著行令三轮。说不上者罚酒两杯，说得不相合者罚酒一杯。”

王举人和张举人赞同道：“请李兄先起第一轮酒令。”

李举人道：“本人爱读《三国演义》，就行三国人名令。行令法是：先说四字句，然后冠以与此句含义相符的三国人名。”

孔雀收屏——关羽；

展翅凌云——张飞；

凿壁偷光——孔明；

相貌堂堂——颜良。

王举人道：“精巧有趣！”稍一思忖说，“我也行几个三国人名酒令。”

四面囤粮——周仓；

桃李逢春——张苞；

汉朝文书——刘表；

一模一样——雷同（铜）。

张举人点头道：“两位老兄所行酒令，也体现了灯谜艺术。前面的四字句相当于谜面，经过别解，才能以谜底三国人物扣合谜面，实在是文思灵巧。我接着行令。”

赤兔殉主——马忠；

中华之冠——黄盖；

征骑前跳——马超；

不准干涉——杜预。

李举人和颜悦色道：“这一轮酒令，行得都很贴切，无人受罚。但美酒不可不饮，我敬二位一杯泸州大曲！”

三人衔杯一饮而尽，连称：“好酒！”

李举人道：“下一轮，请王兄先行酒令。”

王举人道：“本人爱读《水浒传》，就行两个水浒人名酒令。”

斗换星移——时迁；

粗中有细——鲁智深。

张举人接着道：

万紫千红——花荣；
元前明后——宋清。

李举人随口道：

后生可畏——童威；
单刀相会——关胜。

王举人两手一拱道："无人可罚，我也敬二位一杯泸州大曲酒，可谓美酒配妙句。"

举杯饮罢，皆叹："好酒、好酒！"

张举人放下酒杯道："第三轮该我先行令。本人爱读《红楼梦》，就行两个红楼梦人名酒令。"

踏雪寻梅——探春；
正月初一——元春。

李举人接着道：

爆竹除旧——迎春；
凤鸣岐山——周瑞。

王举人接着道：

微火煎茶——焙茗；
花香扑鼻——花袭人。

张举人笑容满面，斟酒举杯道：“有泸州大曲酒助兴，自然文思泉涌，我也敬二位一杯。”

三人饮完酒，又赞：“泸州大曲真好！名不虚传。”

李举人笑着说：“再敬二位一杯，酝酿一下才思，换一种行令之法。”三人满杯齐饮。

李举人道：“平日里，民间豁拳喊令，每句常带有数字，像‘一心敬’‘哥俩好’‘三星照’‘四季财’‘五魁首’‘六六顺’‘七巧梅’‘八大仙’‘九好酒’‘十满堂’，从一到十，颇有情趣。如今，咱们何不行一轮含有数字的古诗句令，也要按序从一到十，累计而成，既显文雅，又添新意？”

王举人和张举人，此时已面色泛红，更来兴致，齐声响应：“就依李兄所言！”

李举人道：“行此令，要求每人各吟一句唐诗，诗内须含数字，从一开始，累计至十。不能续吟者罚酒一杯。由我先行含‘一’的诗令，并说明出处。”

一生大笑能几回，
斗酒相逢须醉倒。

此句，引自唐代边塞诗人岑参的《凉州馆中与诸判官夜集》一诗。

王举人接着行含“二”的诗令：

不知细叶谁裁出，
二月春风似剪刀。

此句，引自唐代诗人贺知章的《咏柳》一诗。

张举人行含“三”的诗令：

三顾频烦天下计，
两朝开济老臣心。

此句，引自大诗人杜甫的《蜀相》一诗。

李举人行含“四”的诗令：

如何四纪为天子，
不及卢家有莫愁？

此句，引自唐代诗人李商隐的《马嵬》一诗。

王举人行含“五”的诗令：

兴酣落笔摇五岳，
诗成笑傲凌沧州。

此句，引自大诗人李白《江上吟》一诗。

张举人行含“六”的诗令：

回眸一笑百媚生，
六宫粉黛无颜色。

此句，引自大诗人白居易《长恨歌》一诗。

李举人行含“七”的诗令：

试玉要烧三日满，
辨材须待七年期。

此句，引自白居易《放言五首》诗。

王举人行含“八”的诗令：

听猿实下三声泪，
奉使虚随八月槎。

此句，引自杜甫《秋兴八首》诗。

张举人行含“九”的诗令：

飞流直下三千尺，
疑是银河落九天。

此句，引自李白《望庐山瀑布》一诗。

李举人最后行含“十”的诗令：

春风十里扬州路，
卷上珠帘总不如。

此句，引自杜牧《赠别二首》诗。

王举人笑道：“这一轮唐诗累计数字令，均符合要求，无人可罚。我提议，满上泸州大曲酒，各饮一杯。”

三人欣然举杯，一饮而尽。

李举人神采奕奕道：“此等美酒，有幸品尝，且行谜诗雅令，甚遂心愿。只是兴犹未尽，每人再连饮三杯，一醉方休，如何？”

王举人犹豫道：“连喝三杯，恐怕有些不胜酒力，再说，咱们还有赶考要事待办。”

张举人附和说：“此番赶考，前程要紧，不可耽酒。”

李举人点头道：“二位言之有理，不可嗜酒误事。司马迁在《史记》说过：‘酒极则乱，乐极则悲，万事尽然。’”

王举人道：“施耐庵在《水浒传》中说：‘但凡饮酒不可尽欢。’‘欲饮则饮，欲止则止，各随其心。’确为至理名言。”

张举人道：“明朝的莫云卿在《酗酒戒》中认为：饮酒以‘唇齿间觉酒然以甘，肠胃间觉欣然以悦’为佳。我觉得，已在和谐气氛中，达到了身心愉悦之佳境，可以覆觞止酒了。”

李举人道：“泸州大曲实在太美，咱们再喝最后一杯，然后散席结账，各买两罐，带回船中，以备饮宴之需。”于是，三人干杯，携酒离去。

酒令为：『欲言有此语无此事者。』

陈二对曰：『挟太山以超北海！』

饮宴斗智应妙令

有一个江东智斗酒令的故事，极为精彩。

三国时期，刘备的军师诸葛亮，为了实现联盟孙权、共拒曹操的大计，随东吴大夫鲁肃来到江东。都督周瑜与诸葛亮共谋要略，筹划举措，取得了赤壁之战的巨大胜利。

传说诸葛亮在东吴期间，周瑜十分嫉妒诸葛亮的才智，总是想找借口杀他。在一次宴会上，周瑜说："孔明先生，我吟一首析字酒令，请你对句。对出来有赏，对不出来杀头问罪，如何？"

诸葛亮从容笑道："军中无戏言，请都督出令。"

周瑜大喜，开口便道："有水便是溪，无水也是奚，去掉溪边水，加鸟便是鸡（鷄）；得志的猫儿胜过虎，落魄凤凰不如鸡。"

诸葛亮听罢心想："刘备在荆州长阪新败，我来此地，岂不是被周瑜视为'落魄凤凰'吗？"便答令应对："有木便是棋，无木也是其，去掉棋边木，加欠便是欺；龙游浅水遭虾戏，虎落平阳受犬欺。"

周瑜闻言大怒。鲁肃在一旁留意着这场龙虎斗。他见周瑜意欲发怒，急忙对出酒令劝解道："有水便是湘，无水也是相，去掉湘边水，加雨便是霜；各人自扫门前雪，莫管他人瓦上霜。"

周瑜怒气未消，于是更换内容，又吟析字酒令一首："有手便是扭，无手便是丑，去掉扭边手，加女便是妞；隆中有女长得丑，江东没有更丑妞。”

诸葛亮听了，知道这是嘲笑自己的夫人黄阿丑长得丑，随即应道：“有木便是桥，无木也是乔，去掉桥边木，加女便是娇；江东美女大小乔，铜雀奸雄锁二娇。”

周瑜知道这是奚落自己的夫人，怒发冲冠，几欲发作，剑拔弩张。

鲁肃见状，赶紧应和了一首析字酒令：“有木便是槽，无木也是曹，去掉槽边木，加米便是糟；当今之计在破曹，龙虎相斗岂不糟！”

众人听了一起喝彩。

周瑜见鲁肃调解，无奈只好收场。

这两轮析字酒令，都展现了深厚的文化素养。尤其是鲁肃着眼大局、化干戈为玉帛的过人智慧，长期以来广受称赞。

在以往的民间饮宴活动中，也有许多以应对酒令斗智争巧的场面。其中不乏机智出众、令人叫绝的美谈。下面所叙就是一例：

从前，在闽西北一带流传着“七个女婿行酒令”的故事。说是一个老汉养了七个女儿，个个长得俊俏，人称“七仙女下凡”。前六个女儿都嫁了聪明的丈夫，唯有长得特别伶俐的七女，却嫁了个老实巴交的农民。有一年的中秋佳节，适逢老汉七十大寿，七对夫妇均携带厚礼前来拜寿。老汉摆设酒席款待七位女婿。酒宴开始后，大女婿拍着岳父大人的肩膀对大家说：“我代表大家首先祝岳父大人福如东海，寿比南山。”接着他提议，为使岳父大人高兴，今日喝酒吃菜必须行酒令。规则是七个女婿由大到小依次行令。想吃某个下酒菜，就必须说出一个与这个菜有关的典故。方可喝酒和下筷子吃菜。老汉点头表示同意。二女婿、三女婿、四女婿、五女婿和六女婿都朝七女婿看看，表示同意。

酒令开始，大女婿眼瞪着那碗鸡，口中念道：“时迁偷鸡。”接着便毫不客气地把鸡端到面前。斟酒下筷，吃喝起来。

二女婿指着那碗大肥肉说：“张飞卖肉。”接着就动作麻利地把那碗肉端在酒杯旁边，开始喝酒吃肉。

三女婿一边端详着那碗羊肉，一边说：“苏武牧羊。”话音刚落，就迅速地伸手把羊肉端到面前，举起了酒杯。

四女婿见状，急忙指着那条红烧大鱼说：“姜太公钓鱼。”然后把红烧鱼端走，作为自己的下酒之物。

五女婿一边伸手端牛肉，一边急急地说：“朱元璋杀牛。”差点把杯里的酒碰洒。

六女婿见只剩下一碗青菜，也只得说：“刘备种菜。”不紧不慢地端过青菜下酒。

这时，老汉被六个女婿的酒令引得眯眯笑。轮到七女婿可傻了眼，桌上的菜只有六味，还说什么、吃什么呢？其他女婿边喝边吃边嘲笑说：“七弟快说吧！”窘得七女婿呆坐无言。看到这种状况，在房内窥视的七女，急忙赶出来说：“爸，众位姐夫，我来替他行酒令，可以吗？”众姐夫欺她年小，桌上又没有其他菜肴，便带着讥讽的口吻，异口同声地说：“小姨子代说可以，可以！”

于是。七女跑进厨房拿出一个盆子，走到桌边，把六碗下酒菜肴统统倒入盆内，扫视了大家一眼，接着说：“秦始皇并吞六国！”一手捧菜，一手拉着丈夫扬长而去。

在湖南阮陵一带，流传着一个饮酒时讲四言八句的故事。四言八句，是一种类似山歌又不是山歌的游戏。要求是参讲者轮流讲，每人一句，每句话都必须按照事先规定的韵脚押韵，且有连续性。每句话必须得到其他参讲者的认可，方能通过。

故事说的是有钟某、李某、熊某三位好友，常在一起喝酒品茶，谈古论今，讲四言八句助兴。钟某、李某二人家境富裕，熊某家里贫寒，每次饮宴，均由钟某或李某二人出资。时间一长，二人心中便有些不痛快。有一次饮宴，由钟某做东，煮了一腿狗肉，煎了一味大鲤鱼，二人不想让熊某知道，便议定将酒食移至船中，将船停泊在河的中间，慢慢享用。

正当钟某、李某二人谈笑风生、准备吃喝时，只见上游漂来一只大箱子。二人觉得奇怪，以为箱子里肯定装着值钱的货物，莫非要发横财了，便高兴地将箱子捞起，抬至船内，打开箱盖。只见熊某从箱中坐了起来，伸了个懒腰，慢条斯理地说："小弟来迟，多亏仁兄久等了。"钟某、李某二人无法推却，只好请他入席。

坐定之后，钟某说："我们料定熊兄会按时赴宴的。今日讲四言八句，每句都要以昏昏沉沉、明明白白、简简单单、难上加难、结尾押韵。"李某首先表示赞成，想以此难住熊某，不让他吃得舒服。熊某也只好同意。

钟某是个秀才，又是他做东，自然先讲："墨磨砚池昏昏沉沉，字写纸上明明白白。会写字的简简单单，不会写字的难上加难。"李某、熊某齐声叫好。

李某是乡绅，能言善辩，他略加思考后说："酒在壶中昏昏沉沉，倒在杯中明明白白。酒要变水简简单单，水要变酒难上加难。"钟某、熊某也齐声说好。

熊某是个农民，但聪明好学，他灵机一动说："睡在箱中昏昏沉沉，打开箱盖明明白白。我吃你的简简单单，你吃我的难上加难。"钟某、李某二人也只好说"讲得好！"

于是三人饮酒猜拳，日落而归。

工巧酒令寄聪明

据《楮记室》记载，北宋元丰年间，高丽国派遣一名和尚作为使者来向朝廷进贡。这位和尚聪慧善辩，赴酒宴时对各种场面都能应付自如。一天在酒宴上，负责接待使者的杨次公提出行令饮酒，要求是：要用两个古人的姓名来争一件物品。和尚便很快地说出了一令："古人有张良，有邓禹，争一伞，良曰'良伞'，禹曰'禹伞'。"杨次公也接着说出了一令："古人有许由，有晁错，争一葫芦，由曰'由葫芦'，错曰'错葫芦'。"

这则笑话叫"出令相谑"。应该说，和尚使者和杨次公两人的酒令，都有较高的水平。两个酒令中提到四个古人的姓名：张良是西汉初年汉高祖刘邦的大臣，邓禹是东汉初年的将军，许由是传说中尧时的高士，晁错是西汉文帝景帝时的政治家。四人的名字各谐音一个字："良"谐"凉"，"良伞"就是"凉伞"。"禹"谐"雨"，"禹伞"就是"雨伞"；"由"谐"油"，"由葫芦"就是"油葫芦"；"错"谐"醋"，"错葫芦"就是"醋葫芦"。这里用了四个谐音双关的字，把酒令对得十分巧妙。

冯梦龙《古今谭概》中的"唐状元对"，讲的也是主人与使者行令对句的事，不过地点是在朝鲜。状元唐皋作为翰林出使朝鲜时，朝鲜君主出了一个对子说："琴瑟琵琶，八大王一般头面。"唐皋立即就应对："魑魅魍魉，四小鬼各自肚肠。"由于应对得非常精彩，朝鲜君主听后不禁大吃一惊，十分佩服。

《古今谭概》有这样一段评语："古人酒有令，句有对，灯有谜，字有离合，皆聪明之所寄也。工者不胜书，书其趣者，可以侈目，可以解颐。"该书所记载的"趣者"，除"唐状元对"外，还有大量很有意思的酒令对句。

如"陈祭酒令"，是以字韵与诗句为内容。讲的是爱喝酒、敢批评的陈学士，在翰林院得罪一个权贵人物后，被调往外地。当同僚以酒为他饯行时，有人提议各出酒令相佐，要求是：拆两个字，分韵相谐，最后以诗书中的一个句子作为结尾。

于是，陈学士按要求出了一个酒令："轰（轟）字三个车，余斗字成斜。车车车，远上塞山石径斜。"

接着，有一位姓高的学士出酒令说："品字三个口，水酉字成酒。口口口，劝君更尽一杯酒。"

高学士说完后，还有一人出酒令："犇字三个牛，田寿字成畴。牛牛牛，将有事乎田畴。"

最后，陈学士又出了一个酒令说："矗字三个直，黑出字成黜。直直直，焉往而不三黜！"结果引起合席大笑。

再如"莫延韩对"，是以动物与习性为内容。有一天，屠赤水与莫延韩同游顾园。在喝酒喝得很高兴的时候，屠赤水偶尔吟道："檐下蜘蛛，一腔丝意。"莫延韩听完后，随即对出了一句妙语："庭前蚯蚓，满腹泥心。"

再如"董通判对"，是以颜色与方向为内容。常州府的吴同知与董通判，来到无锡后畅饮红白酒过量，醉得迷迷糊糊。吴同知出了一个对子说："红白相兼，醉后不知南北。"董通判听罢，立即对了出来：“青黄不接，贫来卖了东西。”

再如“泰兴令对”，是以关系与对仗为内容。讲泰兴令向一个人出了一个对子说：“表弟非表兄表子。”那个人应声说出：“丈人是丈母丈夫。”泰兴令听了十分高兴，便笑容满面地请那个人喝起酒来。

再如“俗语对”，内容就比较丰富了。有一名担任布政使的官员，不求升迁，将要返回故里，担任侍郎的乡友专门设宴为他饯行，并邀同部官员作陪会饮。其中一人见只有布政使一客，便开玩笑地出了一个对子说：“客少主人多。”众人还没来得及应答，只听布政说：“我有一对，请诸位大人不要见笑。”于是，他抑扬顿挫地念道：“天高皇帝远。”大家听他对得这样巧妙，都不由得吃了一惊。

其他的俗语对还有很多：

“狗毛雨”对“鸡脚冰”。

“口串钱”对“脚写字”。

“掘壁洞”对“开天窗。

“将见将”对“人吃人”

“护儿狗”对“抛娘鸡。

“贼摸笑”对“鬼见愁”。

“眼里火”对“耳边风”。

“开路神”对“压壁鬼”。

“硬头皮”对“老脚底”。

“拔短梯”对“使暗箭”。

“剜肉做疮”对“忍屎凑饱”。

“酒肉兄弟”对“米面夫妻”。

“三灯火旺”对“六缸水浑”。

“两手脱空”对“四柱着实”。

“大话小结果”对“东事西出头”。

“猫口里挖食”对“虎头上做窠”。

“钟馗捉小鬼”对“童子拜观音”。

“口甜心里苦”对“眼饱肚中饥”。

“吹鼓打喇叭”对“吃灯看圆子”。

“捏鼻头做梦”对“挖耳朵当招”。

“强将手下无弱兵”对“死人身边有活鬼”。

…………

上述俗语对，都被冯梦龙称为“绝对”。

又如，明代陆容与陈震的双关巧对也堪称一绝。陆容在浙江作布政使时，与名士陈震一起饮酒，并以对句相戏。先是互相戏谑对方的相貌特征。陈震年少发稀，陆容便嘲笑说：“陈教授数茎头发，无法可施。”陈震则对答道：“陆大人满面髭鬓，何须如此。”此对妙处在于每句后四字。浙江方音“茎”谐音“栉”，“施”谐音“梳”；“何须”谐音“胡须”。接着，二人继续使用双关谐音的修辞手法互相解嘲。陆容说出：“两猿截木山中，这猴子也会对锯。”“对锯”谐音“对句”，嘲笑对方是猴子；陈震则对答：“匹马陷身泥内，此畜生怎得出蹄。”“出蹄”谐音“出题”，嘲笑对方也是动物。妙事妙语，引得二人拊掌大笑。

留仙写酒多妙意

清代杰出小说家蒲松龄，字留仙，很善于描写饮酒行令的场面和情趣。这一点，体现在他所著《聊斋志异》一书的不少篇章中。

先看他在《鬼令》篇中描述的一则故事。大意是，有一个商贩夜宿古刹，于更静人稀之时，忽然看见四五个人携带着酒进来会饮。喝了一会儿后，有人建议用拆字的形式来行酒令。

第一个人先拆道：

田字不透风，十字在当中；
十字推上去，古字赢一钟。

第二个人接着拆道：

回字不透风，口字在当中；
口字推上去，吕字赢一钟。

第三个人拆道：

囹字不透风，令字在当中；
令字推上去，含字赢一钟。

第四个人拆道：

困字不透风，木字在当中；
木字推上去，杏字赢一钟。

最后一个人，凝思许久，拆不出来。其他人笑着说．“既不能令，须当受命。”急斟酒一杯。不料这个人情急生智，说道：“我得之矣！”随即拆出一字：

曰字不透风，一字在当中；
一字推上去，一口一大钟！

大家听了，相对大笑起来。

这五个拆字酒令，谐谑成趣，写得十分巧妙，令人称绝。

蒲松龄在《小二》篇中，还描述了男女二人煮酒行令罚饮的趣事。方法是：“检《周礼》为觞政，任言是某册第几页第几行，即共翻阅。其人得食旁、水旁、酉旁者饮，得酒部者倍之。”结果，女子翻到她所讲的页行，正巧碰上是“酒人”，男子便以巨觥倒满酒催促她喝下去。而当男子翻卷时，得“鳖人”。女子大笑，把一大杯酒递给他。男子不服。女子说：“君是水族，宜作鳖饮。”这种行令的做法，可谓别具一格。

蒲松龄为人正直。他不仅在《聊斋志异》中借用谈狐说鬼、酒宴戏谑一类故事，对封建道德进行了讽刺批判，对鱼肉百姓的贪官污吏进行了无情的揭露，而且在现实生活中，也敢于直面人间“鬼怪”，表示憎恶的心情。他在酒宴上利用酒令讽刺贪官的轶事，就是一例。

有一天，侍郎毕际有宴请尚书王涣祥，特地邀请蒲松龄赴宴作陪。席上，三人对诗行令饮酒，议定不限韵，但要三字同头，三字同旁。

侍郎毕际有首先吟诗一首道：

三字同头左右友，
三字同旁沽清酒；
今日幸会左右友，
聊表寸心沽清酒。

尚书王涣祥接着对诗一首说：

三字同头官宦家，
三字同旁绸缎纱；
若非当朝官宦家，
谁人能穿绸缎纱。

蒲松龄知道王涣祥是个贪官，便吟一首诗道：

三字同头哭骂咒，
三字同旁狼狐狗；
山野声声哭骂咒，
只因道多狼狐狗。

蒲松龄的诗真是一针见血、入木三分。

蒲松龄既在写酒令和行酒令方面展现了突出的才华，又在饮酒场面的描绘方面创作了神奇的情景。如在《崂山道士》篇中，讲道士与两位客人在一起饮酒时，见天色越来越黑，还没有点上灯烛，便取过一张纸来，剪成跟镜子一样的圆形，把它往墙上一贴。霎时间，一轮明月，灿然生辉，照得满屋通亮，如同白昼，连根细细的头发丝也看得一清二楚。一个客人说："这么美好的夜晚，大家都高兴万分，就不要分什么尊卑长幼，来！咱们都一块儿喝酒，同乐一番！"说着就从桌上拿起一壶酒来，给徒弟们分赏，嘴里还不住地嘱咐着："都痛痛快快地喝一顿，不喝醉了，决不罢休！"大伙儿各自找来了杯、碗，争着饮酒，尽先喝光，唯恐壶里的酒倒净了，自己摊不着。七八个人喝一壶酒，可是斟了一杯又一杯，倒了一碗又一碗，壶里的酒却丝毫没有减少。接着，一个客人提出不能总是这样喝闷酒，为什么不把嫦娥邀来助助酒兴呢？说罢，就从桌上夹起一根筷子，朝着月亮扔了过去，接着就看见一个美女从月亮中款款地走了下来。落地之后，扭动腰肢，舞姿婉转婀娜；轻启歌喉，歌声奇妙悦耳。歌舞完毕，盘旋而起，又跳上桌子，变成筷子。大家看得目瞪口呆，三个人则哈哈大笑起来。后来，三个人还移动全桌酒席，渐渐地进入了月宫。

最后，月光渐渐暗淡，徒弟们燃起蜡烛一看，客人早已不知去向，只有师父一人坐在那里，剩肴残酒，依然留在桌子上。道士笑着问大伙道："酒喝足了吗？"徒弟们齐声应道："喝足了！喝足了！"道士嘱咐说："喝足了就好。都去早早睡觉吧，别耽误了明天砍柴割草！"

这篇故事充满神奇色彩，喝酒场面写得生动风趣，引人入胜，从一个侧面反映了作者对饮酒之道的熟悉。

在饮酒方面，蒲松龄本人还经历过一件出乎意料的大事，即在饮酒过程中碰上了大地震。

蒲松龄在《地震》篇中，只用了二百多字，就把这次大地震的情景形象地再现于笔下。事情发生在1668年的一天夜里。“康熙七年六月十七日戌刻，地大震。余适客稷下，方与表兄李笃之对烛饮。忽闻有声如雷，自东南来，向西北去。众骇异，不解其故。俄而几案摆簸，酒杯倾覆，屋梁椽柱，错折有声。相顾失色。久之，方知地震，各疾趋出。见楼阁房舍，仆而复起，墙倾屋塌之声，与儿啼女号，喧如鼎沸。人眩晕不能立，坐地上，随地转侧。河水倾泼丈余，鸡鸣犬吠满城中。逾一时许始稍定。视街上，则男女裸体相聚，竞相告语，并忘其未衣也。后闻某处井倾侧不可汲，某家楼台西北易向，栖霞山裂，沂水陷穴，广数亩。此真非常之奇变也。”

蒲松龄对这次饮酒期间突发大地震的描述，情景逼真，文字精练，结构紧凑，是一篇确有独到之处的佳作。后人读此佳作，既会赞叹蒲翁的生花妙笔，也自然会联想到他那种喜欢借酒抒怀、托酒著文的风度。

济公兴致在一醉

南宋僧人道济，原名李心远，也称济公。天台（今浙江台州市）人。于杭州灵隐寺出家。嗜好酒肉，举止类似颠狂，人称“济颠僧”。后移居净慈寺，募化以复旧观。佛教徒把他神化为“降龙”罗汉，老百姓则把他敬奉为惩恶扬善、扶危济贫的仙人。在《西湖佳话古今遗迹》中，有一篇描写济颠和尚酒事的《南屏醉迹》。书中讲道：“然济颠的痛痒，多在于一醉；而醉中之圣迹，多在于南屏。”济公做事题文，往往先要喝酒，并时常喝得烂醉如泥。他酒后作对撰榜，化缘运木，功效非凡，令人称奇。

据民间传说，有一次，南宋权奸秦桧派人从灵隐寺内请来济公为他的儿子治病。济公要他酒肉招待。酒过三巡，济公联兴勃发，要与秦桧对句。秦桧问：“赌什么呢？”济公说：“我对上了，赢你一百两银子；若对不上，我愿将寺内大牌楼送给大人。”于是，两人吟起对来。

秦桧出上联道：“酉卒是个醉，目垂是个睡，李太白怀抱酒坛在山坡躺，不晓他是醉还是睡。”出此联句，不伦不类，如联似谜，既像绕口令，又似顺口溜，但将“醉”字拆为“酉”“卒”二字，“睡”字拆为“目”“垂”二字，而且“醉”“睡”同韵，又拉出个李太白来，要立即对出也不容易。

但是，济公属对句能手，酒后文思敏捷。他略一思索，便对出了下联："月长是个胀，月半是个胖，秦夫人怀抱大肚在满院逛，不晓是胀还是胖。"对句采用了同样的拆字同韵手法，并有意戏弄秦桧，开了个不大不小的玩笑。

秦桧听了，心中恼怒，连连摇头，当面抵赖："你这个疯颠和尚，这个不算，这个不算！"不等济公答话，他又出一个上联："佛祖解绒绦，捆和尚绑颠僧。"此句杀气腾腾，搬出"佛祖"，又"捆"又"绑"，目标是"和尚""颠僧"，意在报复。济公随口对道："天子抖玉锁，拿佞臣擒奸相。"对句针锋相对，拉出"天子"，且"拿"且"擒"，对象"佞臣""奸相"，更不留情。结果，面红耳赤的秦桧，只好输了一百两银子给济公。

在《南屏醉迹》中，对济公的描述更为神奇。净慈寺的德辉长老要整修寿山福海地藏殿，便请济公去化三千贯钱。济公说："不是弟子夸口，若化三千贯，只消三日，但须请我一醉。"长老听了大喜，忙让监寺去备办美酒、素食，罗列于方丈中，请济公受用。长老亲自陪同。济公见酒，一碗不罢，两碗不休，直吃得大醉，方才提了缘簿去睡。经过一番周折，还惊动了太后。结果，太后亲自到寺内进香，同时送来三千贯钱。济公却一路斤斗，早已不知身在何处了。

后来，净慈寺遭火灾，复请来松少林做长老。长老想募缘凑钱重修寺院，便请济公撰写榜文，对济公说："只得借重大笔了。"济公回答："长老有命，焉敢推辞！但只是酒不醉，文思不佳，还求长老叫监寺多买一壶酒来，方才有兴。"长老道："这个容易。"便叫人买来酒并与其同饮。济公开怀痛饮，然后挥笔写道：

伏以大千世界，不闻尽变于沧桑；无量佛田，到底尚留于天地。虽祝融不道，肆一时之恶；风伯无知，助三昧之威。扫法相还太虚，毁金碧成焦土。遂令东土凡夫，不知西来微妙。断绝皈依路，岂独减湖上之十万；不开方便门，实已失域中之一教。即人心有佛，不碍真修；而俗眼无珠，必须见像。是以从丝积累，造宝塔于九重；再想修为，塑金身兮丈六。况遗基尚在，非比创业之难；大众犹存，不费招提之力。倘邀天之幸，自不日而成。然工兴土木，非布地金钱不可；力任布施，必如天檀越方成。故今下求众姓，盖思感动人心；上叩九阍，直欲叫通天耳。希一人发心，冀万民效力。财聚如恒河之沙，功成如法轮之转，则钟鼓复设于虚空，香火重光于先地。自此亿万千年，庄严不朽如金钢；天人神鬼，功德证明于铁塔。谨榜。

这篇榜文，既写了寺院在沧桑之变中遭受风火袭击的经过，又写了寺院损坏给佛教传播和进香之人带来的不便；既写了重修寺院的必要和有利条件，又写了重修寺院面临的经费困难；既提出了希望万民效力、积聚财力的要求，又指明了大众做出贡献后的功德，具有很强的感染力。

榜文贴出后，全城为之轰动。富贵人家纷纷慷慨解囊，随缘资助。有出银钱的，有出米布的，数量颇为可观。消息传入宫廷后，皇王先派李太尉要去榜文抄件，随后又让李太尉率领众人，押着三万贯钱送到寺中，作为布施，以助成修寺的盛事。当喜不自禁的长老去找济公酬谢时，济公早已不知去向。

可是，当修寺急需木材时，济公又及时出现了。长老照例请济公喝酒。济公见美酒佳肴，又是长老请他，心里十分快活。他一碗不罢，两碗不休，霎时间就饮下二三十碗，直喝得眼都瞪了，身都软了，竟如泥一般瘫将下来。长老与他说话，他已昏昏然不醒。结果，济公自有神助，按期把木材从井底足数运来。众人无不惊奇，想寻找济公时，已不见他的踪影。

闯席吃酒对令语

世间有这样一类“酒君子”，只要知道谁家有酒喝，便主动前去赴宴，毫不迟疑。晚清小说《官场现形记》中的“磕头道台”就是如此。此公拿钱捐官，却只在公馆闲住，一俟人家有喜庆等事，他便衣冠楚楚前来摆阔，不管有无交往，请与不请，总是头一个戴着大红顶子磕头吃酒，“磕头道台”的雅号由此而得。在中国古代笑话中，也有这类人物的故事。不过，有的不靠磕头，而靠行令对句。

有一个雅号叫“圣贤愁”的，可谓典型代表。此人姓白，无论哪里有人吃酒，他都不请自来，来了就举杯动筷，不以为耻。大家都说，像这样的人，连圣贤碰着了也要发愁，于是便给他起了“圣贤愁”的外号。

有一次，张果老和吕洞宾两位仙人来到酒店饮酒，“圣贤愁”也闻讯赶来。他一见仙人的面就说：“在下来迟，罚我三杯！”说完，就自斟自饮起来。

张果老见状笑着说：“久闻‘圣贤愁’老兄的大名，今日幸会。但今天饮酒，没有小菜；我们且行个酒令，即以‘圣贤愁’三个字分拆，各吟一首诗，谁答不上来，就罚他买小菜。”吕洞宾大声叫好，“圣贤愁”也只好同意。

张果老先分拆“圣”（聖）字，念出一首诗：

耳口王，耳口王，
圣人吃酒不颠狂，
席上无肴难下酒，
割只耳朵尝一尝！

张果老说罢，拔出剑来，“嚓”的一声，把自己的耳朵割下，放在菜盘上。“圣贤愁”见状，大吃一惊。

吕洞宾接着分拆“贤”（賢）字，吟诗道：

臣又贝，臣又贝，
贤人吃酒多不醉，
席上无肴难下酒，
割下鼻子配一配！

吕洞宾说罢，就把自己的鼻子割了下来。

此时，“圣贤愁”暗自叫苦，因为他从来也没有见过这样喝酒的，但又骑虎难下，便只好硬着头皮分拆“愁”字。他想了好一会，总算凑了几句：

禾火心，禾火心，
愁人吃酒抢先斟，
席上无肴难下酒，
拔根汗毛赛山珍！

张果老和吕洞宾很不满意地说：“我们两个人，一个割耳朵，一个割鼻子，你为什么只拔一根汗毛呢？”

“圣贤愁”答道：“今日是看在两位仙家面上，要是换了别人，我一毛也不拔呢！”

清代咄咄夫所著《笑倒》中，有一则“嘲不还席”的笑话，讥讽一个只喝别人的酒，而不请别人喝酒的卖菜人。

有四个卖菜的人，常常在一起组织酒会。其中，卖韭菜、卖蒜、卖葱的三个人都分别请过其他人喝酒，只有卖白菜者从来不请别人。后来，卖韭菜、卖蒜、卖葱的三人，便避开卖白菜者在一起饮酒，而卖白菜者又忽然寻找而来。三个人商议趁机表达一下卖白菜者不还席之意，便提出：“今天在这里喝酒，须将我们四人本行中作一酒令。”

首先，卖韭菜者说：“韭饮他人酒。”

其次，卖蒜者说：“蒜来不敢当。”

再次，卖葱者说：“葱明人自晓。”

最后，卖白菜者说：“白吃又何妨！”

这四个人在说令语中，都采用了语义双关法。即用一个词语同时关顾两个不同的事物，言在此而意在彼：

“韭”，本指韭菜，在这里谐“久”字，指卖白菜者很久以来总是喝别人的酒；

“蒜”，本指大蒜，在这里谐“算”字，指算起来次数多，使人难以承担；

“葱”，本指香葱，在这里谐“聪”字，指聪明的人自己知道；

“白”，本指白菜，在这里指“白白地”吃酒有什么妨碍，显示了卖白菜者满不在乎、要继续白吃下去的态度。

俗饮酒战相博戏

清末徐珂编撰的《清稗类钞》中，记有一则“薛慰农与酒人拇战”的逸闻。清同治五年（1866），谭复堂（谭献）与薛慰农等人将去杭州，同行人在西湖泛舟饮酒，此日风和日丽，乘兴吟咏，十分愉快。行至孤山放鹤亭，恰逢“有酒人张坐，薛不通名氏，径与拇战，同人继之”。他们之间既不相识，又不介绍，竟能毫不客气地凑在一起豁拳饮酒，除了“脱略形骸”古风的影响外，对豁拳这种“手势令”的共同爱好，自然是一条重要原因。

豁拳，亦称搳拳，俗称猜拳、拇战，是饮酒时助兴取乐的民间游戏活动之一。这种活动历史悠久，流传广泛。窦苹《酒谱》中，曾有“有国色而手拳，武帝自披之，乃伸。后人慕之而为此戏”和“昔五代王章、史肇之燕，有手势令”的记述。明代李日华《六研斋笔记》中记载：“俗饮以手指屈伸相博，谓之豁拳。”方法是同时出手，伸指喊数，口数符合双方指数之和者为胜。伸指喊数时，常把礼貌用语、吉利言词、民间传说和历史故事等内容，分别与十个数字搭配。现从常见的类型中择取部分如下：

“一心敬你”，或“一心敬”；

“二家有喜”，或“二家喜”；

“三星高照”，或“三星照”；

“四季发财”，或“四季财”；

“五指魁首”，或“五魁首”；

“六六大顺”，或“六六顺”；

“七巧梅花”，或“七巧梅”；

“八仙过海”，或“八大仙”；

“九是好酒”，或“九好酒”；

“十个满堂”，或“十满堂”。

其中也有些内容因地因人不同而变化较多。如一字令中，还有“一梅顶胜”“一梅胜”，等等；二字令中，还有“哥俩好”“二喜梅”，等等；三字令中，还有“三桃园”“三结义”，等等；七字令中，还有“七仙女”，等等；八字令中，还有“八匹马”，等等；九字令中，还有“快喝酒”，等等；十字令中，还有“满堂红”“全到了”，等等。

豁拳喊令时，由双方随意选出，同时伸出的手指数也是任意增减。评判胜负时，由双方所伸手指数相加，再对照各人所喊口令数而定，即符合谁的酒令数，则谁胜，负者罚酒。例如：一方喊了“五魁首”，伸出两个手指，另一方喊了“六六六”，伸出三个手指，则手指相加数为五，应判喊“五魁首”者胜。如果双方均喊“五魁首”，手指相加也为五，则不分胜负，重喊；如果均不符合，也是重喊。由双方各出一只手，因两人所伸手指数相加最高为十，便有这样的讲究：凡是喊较高数字者，自己的出指数也有最低限度。如喊“十满堂”，则必须伸出五个手指；喊“九好酒”，至少要伸出四个手指；喊“八大仙”，至少要伸出三个手指，这样才能保证相加后有符合数令的可能。

豁拳还有其他多种规矩。如为了表示友好，朋辈猜拳常以“哥俩好”开拳，各出拇指，双方平拳无胜负。而长幼隔辈豁拳，则忌喊“哥俩好”令。土族等少数民族拇战时，晚辈须以左手掌平托右手肘，以示对对方前辈的尊敬。

豁拳中，也有以手势模拟锤或石头、剪刀或锥子以及布块，两人对出，以相克一方为胜。如锤或石头克剪刀或锥子，剪刀或锥子克布块，布块克锤或石头。

在豁拳中还有以棒、虎、鸡、虫代替数字的。四者的大小关系是：棒打虎，虎吃鸡，鸡啄虫，虫蛀棒。又有的以敲筷子代替豁拳，与这四者相结合，演变为“敲杠子”。即由两人对敲，每人喊一句，同时出声。所喊通常是四句话：

敲一下呀，棒子！
敲一下呀，老虎！
敲一下呀，鸡！
敲一下呀，虫子！

各句之间的关系是：喊“棒子”的，胜过喊“老虎”的；喊“老虎”的，胜过喊“鸡”的；喊“鸡”的，胜过喊“虫子”的；喊“虫子”的，胜过喊“棒子”的。所喊是相隔二物，或彼此一样时，重新再喊。喊输者被罚饮酒。这种方法通俗易学，情趣盎然，男女老少都可以参加，所以较受欢迎。

除豁拳外，古时饮酒还有猜枚、藏钩、六博等多种游戏活动。

猜枚的方法，是拳中握小件物品供对方猜。饮宴中多握盘中干果、瓜子或随身携带的硬币等物。一般让人猜测其数目、单双或者颜色。先猜单双、再猜颜色、后猜数目，三次而后决胜负。中者为胜，不中者为负，负者受罚饮酒。《红楼梦》第二十三回谈到贾宝玉等人在大观园中“低吟悄唱，拆字猜枚，无所不至”就包括这种游戏。目前在民间饮酒时，有不少人喜欢采用手握火柴棒让对方猜。

藏钩，又名藏弨（弓弩两端系弦地方）。方法是准备一个小钩子（或是弓上系弓弦的小环，或是戒指，或是顶针），饮酒者分成两方，一方藏一方猜。比赛哪一方藏得妙，哪一方猜得准，以此决定胜负。此俗起源甚早，窦苹《酒谱》中，有“又有藏钩之戏，或云起于钩弋夫人”的记述。

六博，是古代博戏之一。又作六簙、陆博。棋子共十二枚，六黑六白，每人六子相博，故名。六博起源甚早，据《史记·苏秦列传》等载，战国时已流行。后来常见于饮酒场合。袁宏道《觞政》中把六博列为“酒战”之一：“户饮者角觥兕（sì），气饮者角六博局戏，趣饮者角谭锋，才饮者角诗赋乐府，神饮者角尽累，是曰酒战。”六博的博法有两种，各有其趣，不再详述。

酒令之严如军令

行令饮酒，也称酒令。一提到“酒令”，人们的脑际往往会浮现出吆五喝六的豁拳场面：两名饮酒者相对而坐，各自凝思片刻，注视对方，然后一起猛然出手，同时喊出响亮的言辞，如“独占一啊！”“哥俩好啊！”“六六六啊！”“七个巧啊！”等，可谓内容丰富，五花八门。豁输了的自然要饮酒一杯。其实，豁拳只是很多佐酒游戏的一种，算不得严格的酒令。

严格的酒令，应推一人为令官，按规则行事，其他饮酒者听其号令，违者有罚。清代上元（今属江苏南京市江宁区）人蔡祖庚《嬾园觞政》曾提出：“行酒必奉令官，行令多遵鼎甲。酒与官，恒相须也，而岂可无规则以一之乎。”科举时殿试，以名列一甲之三人为鼎甲。《嬾园觞政》不仅强调行酒令要遵循严格的鼎甲式的排列规则，而且把饮酒的方式与临时虚设的官职品级联系起来，提出了“饮酒”与“做官”相对应的游戏方法。《红楼梦》第四十回“史太君两宴大观园　金鸳鸯三宣牙牌令”中，写到鸳鸯被推为令官后，说她喝了一钟令酒，立即宣布：“酒令大如军令；不论尊卑，惟我是主，违了我的话，是要受罚的。”王夫人等都笑道：“一定如此。”于是，这个丫鬟就像将军一样，威风凛凛地发起号令来。当那位被贾府的养尊处优者视为“村野人”的刘姥姥想要离席而去，摆着手说“别这样捉弄人！我家去了”时，鸳鸯竟喝令小丫头们：“拉上席去！”小丫头们立即行动，将刘姥姥拉入席中，刘姥姥只叫：“饶了我罢！”鸳鸯道：“再多言的罚一壶。”刘姥姥果真被令官的威严镇住了，只得规规矩矩地坐在那里。

酒令之严，自古就有。战国时期，令官也被称为“觞政”，负责在正式宴会上监令。他们的严肃认真，往往给赴宴者在心理上造成很大的压力。

据汉代刘向《说苑》记载，战国时魏国的魏文侯与大夫饮酒，指使公乘不仁为觞政，负责执行酒令，并明确要求说：“饮不釂者，浮以大白。”意思是说，不把杯里的酒喝干净，要罚他饮一满杯。可是，魏文侯自己却“饮而不尽釂”。公乘不仁发现文侯没有尽杯，便要按规定罚他一满杯。文侯不答应，文侯的侍者说：“不仁你退下去吧，君王已经喝醉了。”公乘不仁便振振有词地说：“《周书》曰：‘前车覆，后车戒。’盖言其危。为人臣者不易，为君亦不易。君已设令，令不行可乎？”魏文侯听罢，赞叹道：“说得好！”随即举杯而饮。饮毕“以公乘不仁为上客”。

西汉时期，甚至出现过“以军法行酒”拔剑砍头的惊人之举。据《汉书·高五王传》记载，齐悼惠王的次子刘章，曾参加吕后的酒宴。吕后令刘章为酒吏，刘章请示说：“臣是将门之后，请得以军法行酒。”吕后说：“可以。”在酒酣之时，刘章发现吕后家族诸吕中有一人喝醉后避酒而逃，便追赶上去拔剑斩杀而还，向吕后报告说：“有亡酒一人，臣谨行军法斩之。”吕后和左右的人都大吃一惊，只得停止酒宴。

到了唐代，行酒令除设令官外，还设有各种名目的“录事”，如“律录事”“觥录事”等，录事也叫“酒纠”，或称“瓯宰”，职责为监酒。如果席间有不肯依令受罚的，或有数杯下肚、面红耳热，屡屡离座、多语多舌的，或有借酒撒疯、触犯令规的，都由录事来处理。顺序是：先由律录事警告。犯者如不从命，或者再犯，觥律事就将令旗投之于前，宣布：某某“犯觥令！”如属屡犯，觥录事则先投令旗，后授令纛（dào），旗纛并舞，真可谓“酒令严如军令”。酒令如此威严，难怪多数饮酒者要对令官“俯首听命”了。

要担任令官，除应严肃认真外，还应熟悉行令饮酒方法。正如明代著名文学家袁宏道《觞政》所说：“须择有饮材者，材有三，谓善令，知音，大户也。”所谓“大户”就是酒量大的意思。

从《红楼梦》中鸳鸯的言行来看，她是具备令官条件的。当她“三宣牙牌令”时，就先利利索索地喝下了“令酒”。牙牌又称“骨牌”，各种成套点色，都有名称。讲到玩法，鸳鸯说：“如今我说骨牌副儿，从老太太起，顺领下去，至刘姥姥止。比如我说一副儿，将这三张牌拆开，先说头一张，再说第二张，说完了，合成这一副儿的名字，无论诗词歌赋，成语俗语，比上一句，都要合韵。错了的罚一杯。”众人笑道：“这个令好，就说出来。”

在这次牙牌令游戏中，在座众人依次与令官鸳鸯行令饮酒，有的博得喝彩，有的受到称赏，有的被判罚酒，有的引起大笑。

博得喝彩的是贾母。当鸳鸯道：“有了一副了。左边是张‘天’。”贾母应对说：“头上有青天。”众人赞道：“好！”鸳鸯接着道：“当中是个五合六。”贾母应对说：“六桥梅花香彻骨。”鸳鸯继续道：“剩了一张六合幺。”贾母应对说：“一轮红日出云霄。”鸳鸯又道：“凑成却是个‘蓬头鬼’。”贾母应对说：“这鬼抱住钟馗腿。”说完，大家笑着喝彩。贾母饮了一杯。

受到称赏的是薛姨妈。当鸳鸯道：“又有一副了。左边是个‘大长五’。”薛姨妈应对说：“梅花朵朵风前舞。”鸳鸯接着道：“右边是个‘大五长’。”薛姨妈应对说：“十月梅花岭上香。”鸳鸯继续道：“当中‘二五’是杂七。”薛姨妈应对说：“织女牛郎会七夕。”鸳鸯又道：“凑成‘二郎游五岳’。”薛姨妈应对说：“世人不及神仙乐。”说完，大家称赏，饮了酒。

受罚的是迎春。当鸳鸯道：“左边‘四五’成花九。”迎春应对说：“桃花带雨浓。”众人笑道：“该罚！错了韵，而且又不像。”迎春笑着，饮了一口酒。

引起哄堂大笑的是刘姥姥。凤姐和鸳鸯本来就想听刘姥姥的笑话儿，因此希望她早点说。当轮到刘姥姥对答酒令时，她先说了个开场白：“我们庄家闲了，也常会几个人弄这个儿，可不像这么好听就是了。少不得我也试试。”众人都笑道：“容易的，你只管说，不相干。”鸳鸯笑道：“左边‘大四’是个‘人’。”刘姥姥听了，想了半日，应对说：“是个庄家人罢！”众人哄堂笑了。贾母笑道：“说的好，就是这么说。”刘姥姥也笑道：“我们庄家人不过是现成的本色儿，姑娘姐姐别笑。”鸳鸯接着道：“中间‘三四’绿配红。”刘姥姥应对说：“大火烧了毛毛虫。”众人笑道：“这是有的，还说你的本色。”鸳鸯继续道：“右边‘幺四’真好看。”刘姥姥对应说：“一个萝卜一头蒜。”众人又笑了。鸳鸯又笑道：“凑成便是‘一枝花’。”刘姥姥两只手比着，也要笑，却又掌住了，说道：“花儿落了结个大倭瓜。”众人听了，都情不自禁地大笑起来。

看来，鸳鸯当令官是有经验的。难怪起初当贾母提出喝酒要行酒令才有意思时，凤姐儿忙走至当地，笑道：“既行令，还叫鸳鸯姐姐来行才好。”众人都知贾母所行之令，必得鸳鸯提着，故听了这话，都说：“很是。”

历史上确实有过不少高水平的令官。在他们的精心组织下，所演出的各式各样的酒令活剧就更多了。

由于饮酒行令的历史至少已有三千余年，故而酒令的内容十分丰富。据说，后汉的贾逵曾撰写过一部《酒令》，可惜今已失传。

宋代洪迈在《容斋随笔》中也谈论过酒令。清代的俞敦培编有《酒令丛钞》四卷。还有不少酒令散见于史籍、古典小说、笔记杂志中，或流传于民间。就酒令的形式来看，也是多种多样。如若分类，则有俗令、雅令之别，通令、筹令之分。如豁拳之戏，即属于俗令；而《红楼梦》中鸳鸯所宣的清代的牙牌令，则属于雅令的一种。

善行雅令需学识

唐代元和四年（809），大诗人白居易在长安，与他的弟弟白行简和李杓直一同到曲江、慈恩寺春游，又到杓直家饮酒，席上忆念奉使去东川的诗人元稹，就写了一首《同李十一醉忆元九》诗：

花时同醉破春愁，
醉折花枝作酒筹。
忽忆故人天际去，
计程今日到梁州。

这首诗中所提到的“酒筹”，即属雅令。雅令所用令语必须是诗词歌赋，或者成语俗语。唐朝是诗歌繁荣的时代，也是雅令颇为流行的时代。然而，唐代雅令由于内容繁难，流布不广。白居易诗句中谈到的好玩的筹令，曾失传很长时间，直到前些年，人们才从出土文物中看到唐代的筹令酒具。

据有关资料介绍，1982年在江苏省丹徒县发现了一个银质酒瓮。瓮中装有银器950余件，重达55公斤。其中就有一整套盛唐时的银涂金筹令酒具。计有令筹五十枚，令旗一面，令纛杆一件，还有龟负酒筹筒一件。酒筹筒高34.2厘米，底座为一龟形，龟长24.6厘米。筒身正面镌有双勾“论语玉烛”四个字。之所以称为“玉烛”，据说是如果置筹筒于席宴当中，华灯之下，其形若蜡烛，泽如金玉，光灿夺目。之所以又冠以“论语”二字，可以从令筹上的令辞来看。五十根银筹，每根上都刻有令辞。诸如：“食不厌精。劝主人五分。”“驷不及舌。多语处五分。”“匹夫不可夺志也。自饮十分。”“己所不欲，勿施于人。放。”“敏而好学，不耻下问。律事五分。”“刑罚不中则民无所措手足。觥录事五分。”……

这些辞令选自记录孔子言论的《论语》一书中，这就不难理解为什么要铭为“论语玉烛”了。

至于这套筹令的玩法，据几位饮酒行家研究，并从上面引用的几条令辞可知，有劝酒、罚酒、自饮、放过等。依古往今来喝酒行令的常规推断，可能是这样的：行令之始，令官（或首座）先饮令酒一杯，随即从玉烛中掣取筹令一枚，当众宣读令辞，按照令辞所注明的要求，或劝某喝酒，或罚某喝酒。被劝者或被罚者把酒饮完后，也即取得掣取筹令的资格，于是又劝又罚。如此依顺序而行，四座纷飞，往返不已。

清代李汝珍的古典小说《镜花缘》中，有几回对酒令作了比较详细的描写，并谈到类似筹令的玩法。如第八十二回“行酒令书句飞双声　辩古文字音讹叠韵”里的牙签酒令就是这样。当一百名才女归席饮酒、要行酒令时，才女紫芝吩咐丫鬟把签筒送交才女兰言，告诉她说：“此筒之内，共牙签一百枝，就从姐姐掣起，随便挨次掣去。”大家掣毕，看了并无一字。直到才女若花掣到一枝牙签，她仔细看了看，才在大家的要求下宣令说：“这签上写的是：奉求姐姐出一酒令，普席无论宾主，各饮两杯，旁边又赘几个小字，写着：‘此签倘我自己掣了，即求自己出令，所谓求人不如求己。普席也饮双杯。’

若照此签看来，这令自然要我出了，岂非是个难题么？”大家按签上要求饮了两杯酒后，若花便想出“双声、叠韵”一令，让用四五十支牙签，每枝写上天文、地理、鸟兽、虫鱼、果木、花卉之类，旁边俱注两个字，或双声（声母相同），或叠韵（韵母相同）。假如掣得天文双声，就在天文内说一双声；如系天文叠韵，就在天文内说一叠韵。说过之后，再说一句经史子集之类，即用本字飞觞（酒杯在各人面前飞来飞去，此处借做递来递去的酒杯解释）：或飞上一字，或飞下一字，悉听其便。以字之落处，饮酒接令；挨次轮转，通席都可行到。众人认为：“此令前人从未行过，不但新奇，并且又公又普，毫无偏枯，就是此令甚好。”

众才女行令前，还作了一些具体规定。如说错者罚酒一杯；所飞之书以及古人名，俱用隋朝以前，误用本朝者，罚酒一杯；接令后将原题记错，罚酒一杯；不准旁人露意，违者罚酒十大杯，等等。又选定了春辉、题花二位才女监令，宝云、兰芝二位才女监酒。然后依次行令，十分热闹。现仅举其中三例：

才女吕祥蓂掣了一签，仍是古人名叠韵。为了与前一位才女所讲的孝子王祥相配，她饮毕令酒道：“有了：张良。屈原《九歌》：‘吉日兮良辰。’‘吉日’叠韵，敬良箴姐姐一杯。”

监酒兰芝对此发表评论说：“按《史记》：张良五世相韩；及韩亡，他欲为韩报仇，曾以铁椎击始皇于博浪沙中，误中副车。其仇虽未能报，但如此孤忠，也可与王祥苦孝相匹。诸位姐姐似乎也该饮一杯了。”于是大家都立饮一杯。

宋良箴掣了一签，是列女名双声。另一位才女小春说：“这是点到我们众人本题了，或好或丑，全仗姐姐飞的这句，不可弄出一群夜叉才好哩。”良箴道：“妹妹如吃一杯，我就飞个绝好句子。”小春把酒饮了。良箴道：

“姬姜。《鲍参军集》：‘东都妙姬，南国丽人。’‘东都’双声，敬丽辉姐姐一杯。”

轮到才女丽辉掣签，掣到的是鸟名签。她行令道：“我才掣了鸟名双声交卷了：鸳鸯。师旷《禽经》：‘鸳鸯、玄鸟爱其类。’本题双声，敬芳芝姐姐一杯。”

……

如上所述，一个接着一个掣签饮酒，所行酒令内容繁多，不能尽列。像行这类酒令，有较大的难度，若学识浅薄和不懂音韵学知识，是难以掌握和参加的。

由于行令饮酒的需要，有人认为要当好一个酒徒也不容易，应具备一定的条件。明代袁宏道《觞政》就提出：“酒徒之选，十有二。”其中有几项即与行令有关，如“令行而四座踊跃飞动者，闻令即解不再问者，善雅谑者”和“分题能赋者”等。袁宏道还认为，作为一个酒徒，应当熟悉掌故，除六经（即《诗》《书》《礼》《乐》《易》《春秋》）和《论语》《孟子》所言饮式，“皆酒经也”之外，还应熟悉“内典”“外典”和“逸典”。

所谓“内典”，是指汝阳王（唐代李琎）《甘露经》《酒谱》，王绩（唐代诗人）《酒经》，刘炫（隋代经学家）《酒孝经》《贞元饮略》，窦子野（宋代窦苹）《酒谱》，朱翼中《酒经》，李保《续北山酒经》，胡氏《醉乡小略》，皇甫崧《醉乡日月》，侯白《酒律》，诸饮流所著记传赋诵等。

所谓“外典”，是指《蒙庄》（战国时宋国蒙人庄子），《离骚》（屈原），《史》（司马迁《史记》），《汉》（班固《汉书》），《南北史》，《古今逸史》，《世说》（刘义庆《世说新语》），《颜氏家训》，陶靖节（东晋陶潜），李、杜（唐代李白、杜甫）、白香山（白居易）、苏玉局（宋代苏轼）、陆放翁（宋代陆游）诸集。

所谓“逸典”，是指“诗余则柳舍人（北宋词人柳永）、辛稼轩（南宋词人辛弃疾）等，乐府则董解元（金代戏曲作家），王实甫（元代戏曲作家），马东篱（元戏曲家、散曲家马致远），高则诚（元代南戏作家高明）等；传奇则《水浒传》《金瓶梅》等”。

上述各典内容广博。按照袁宏道“不熟此典者，保面瓮肠，非饮徒也”的观点，即使在古代，一般人也难轻松地进入善行雅令的饮者之列。

典史荟萃有传承

酒令，经过数千年的流传和发展，已经和诗词歌赋一样，成为一种文化载体。在历代收录的酒令中，根据历史典故演变而来的酒令数不胜数。它们或引经据典，或概括史实，在饮酒行令之中，自然而然地评述着历史功过，也潜移默化地传承着民族精神。

宋代窦苹《酒谱》中，载有这样一则酒令：

马援以马革裹尸（屍），死而后已。
李耳指李树为姓，生而知之。

这首酒令，不仅将马援与李耳两个人物典故联系在一起，而且采用藏头露尾、嵌字成语等手法，使得令句构思精妙，对仗工巧，令人叫绝。

马援，字文渊，是东汉初年光武帝刘秀手下的一员名将，他志向宏远，英勇善战，为东汉王朝的建立立下许多战功，被光武帝封为“伏波将军”。据《后汉书·马援传》记载，公元44年秋，马援从西南方打了胜仗回来，亲戚朋友听到消息之后，早早地就出来欢迎庆贺。朋友中，有一个名叫孟冀的人，很有计谋和声望。马援看见孟冀也随同来贺，便诚恳地对他说：“我希望你能多说几句指教我的话，你怎么也随波逐流来夸奖我？我的功劳小，受的赏赐大，如何能够保持长久呢？这一点，先生怎么不指教指教我？”

孟冀说：“我哪够得上资格指教您？依我看，你年纪那么大了，该在家休养休养呐！”

马援听了，慷慨激昂地说：“方今匈奴、乌桓尚扰北边，欲自请击之。男儿要当死于边野，以马革裹尸还葬耳，何能卧床上在儿女子手中邪？”意思是说，现在，匈奴、乌桓还在不时地侵扰我国的北部边疆，我正想自告奋勇地请求让我去讨平。男子汉大丈夫为了保卫祖国的边疆，就应当战死在那儿，用马皮包裹着尸体运送回故乡，怎么能待在家中、躺在床上，老死在妻子儿女身边呢？后来，人们便以“马革裹尸”为成语，形容为祖国民族献身的英雄气概。

酒令上联“马援以马革裹尸（屍），死而后已”，不仅有机地嵌入两个“马”字，而且采用藏头露尾的手法，缀入了“死而后已”的成语。“死而后已”一语，出自《论语·泰伯》：“士不可以不弘毅，任重而道远。仁以为己任，不亦重乎？死而后已，不亦远乎？”这是曾子讲的一段话。他是说：“读书的人不可以不心胸宽广大度、意志刚强坚忍，因为他重任在身而路程遥远。把实现仁当作自己的责任，负担不也是很沉重的吗？死了以后才停止，路程不也是遥远的吗？”

酒令把“死而后已”的“死”字，嵌藏于“马革裹尸”的“尸”字之内，使得全句从文字到内容延伸，浑然一体。

酒令下联中的“李耳”，即老子，春秋末期哲学家，道家创始人。字伯阳，又称老聃。楚国苦县（今河南鹿邑县东）厉乡曲仁里人。曾任周朝管理藏书的史官。相传孔子曾经问礼于他。后见周朝衰微，他便西出函关（亦称函谷关，在今河南灵宝市东北）隐退。现存

《老子》一书，基本上记述了他的主要思想。关于老子姓氏的来历问题，《史记·老子韩非列传》索隐按：葛玄曰“李氏女所生，因母姓也”。又云：“生而指李树，因以为姓。”

酒令下联“李耳指李树为姓，生而知之”，沿用“生而指李树，因以为姓”这一说法，突出两个“李”字，并很自然地缀入“生而知之”的成语典故。“生而知之”，出自《中庸》：“所以行之者一也。或生而知之，或学而知之，或困而知之，及其知之，一也。或安而行之，或利而行之，或勉强而行之，及其成功，一也。”这是孔子对鲁哀公讲的一段话。

这个故事说的是：鲁哀公向孔子问治理政事的方法，孔子谈到，天下通行的大道有五项，实行这五项大道的方法有三条。君臣、父子、夫妇、兄弟、朋友交往，这五项是天下通行的大道。智、仁、勇这三条，是天下通行的大德。接着，孔子说了上述一段话，意思是说，实行这大德的道理则是一样的。有的人生来就知道天下通行的大道，有的人经过学习才知道，有的人经过困惑探求才知道。他们终于知道天下通行的大道则是一样的。有的人是从容安然地实行天下通行的大道，有的人是凭着切身利害去实行，有的人是勉勉强强地去实行。实行终于成功则是一样的。

酒令下联从这个典故中选取“生而知之”一语，并将“生而知之”的“生”字，嵌藏于“李树为姓”的“姓”字之中，使得文字和含义都做到了承上启下，恰到好处。

在元代晋绍的《安雅堂酒令》中，载有一首《赵轨饮水》的酒令。内容是：

父老送赵轨，请酌一杯水。

岂无樽中酒，公清乃如此。

所附如何行令的说明是：众人劝得令者饮水一盏。

这首酒令，赞扬了为官清廉的赵轨。

赵轨，隋代官吏，河南雒（今河南洛阳市）人。据《隋书·循吏传》记载，赵轨少年时爱好学习，行为检点，注意约束自己。他被周蔡王任用为记室（书记）后，以清苦闻名，升迁为卫州治中，即州刺史的佐吏，居中治事，主管众曹（分科办事的公署）文书。后又调任齐州别驾（长史），因有才能而获得好名声。赵轨家的东邻院内长有大桑树，桑葚落进了赵轨家，赵轨就派人全部拾起来送还东邻主人。他告诉自己的家人说："我并不是用这种做法求取名声，我的用意在于：不是自己应得的东西，不愿意侵占别人之物，你们也应该在这方面注意，以此为戒。"赵轨在州府任职四年，政绩明显，且为人清廉，受到高祖的嘉奖。高祖赐给他物三百段，米三百石，召赵轨入朝任职。

赵轨临行前，州中父老前来相送。相送者恋恋不舍，他们痛哭流涕地说："您在这里做官，对我们老百姓很好，现在要走了，不敢用一壶酒相送，公清廉如水，请酌一杯水，算是为您饯行。"赵轨接受了父老所敬的水，饮水话别。

赵轨到京师后，奉诏令与别人合作，撰写律令格式，很受赏识，被授予原州总管之职。赵轨率领随从夜间乘马行路，随从的马跑进农田，踩坏了一部分禾苗。赵轨勒住马停止前进，等待天明，寻访禾苗之主，按价值赔偿后才离去。原州的官吏得知这件事后，颇为感动，"莫不改操"。其后，赵轨又变更过几个职位。在寿州时，他组织修复已经损坏的五门堰，使其扩大为三十六门，灌田五千余顷，受到人们的赞扬。

作为封建社会的官吏，赵轨能这样严于律己，为群众办好事，是难能可贵的。《隋书》在评论赵轨调离齐州时酌水一杯之事时，用了这样的赞语："赵轨秩满，酌水饯离，清矣！"

再来看一首酒令《龙朔中酒令》：

子母相去离，
连台拗倒。

这首酒令见于《全唐诗》第八七九卷。

龙朔，是唐高宗李治的年号（661—663）。此后一段时期，百姓饮酒作出这首酒令。俗谓杯盘为子母，又名"盘"为"台"。酒令内容暗喻武则天的故事。

武则天，中国历史上唯一的女皇帝。名曌，并州文水（今山西文水县东）人。十四岁选入宫为唐太宗才人。太宗死后，削发为尼。唐高宗李治即帝位，复蓄发再入宫。永徽六年（655）立为皇后，参与朝政，与高宗并称天皇、天后"二圣"。公元683年高宗死，则天立三子李显（中宗）为帝，次年废去，封为庐陵王，幽于别所；又立四子李旦（睿宗）为帝，公元690年再废去，自称神圣皇帝。国号周，改元天授。执政期间引进新人，贬逐长孙无忌等元老重臣。又任命酷吏来俊臣等，屡兴大狱以诛灭、流放唐朝宗室、朝臣。佞佛造寺，豪奢专断。但能继续太宗遗制，改《氏族志》为《姓氏录》，以五品以上官为仕流，抑制势族阀门；又开殿试制度，增进士科、开制科，以广开仕途。公元705年，宰相张柬之等乘武则天患病发动政变，起兵诛武氏族，迎接被徙放至均州（今属湖北）的庐陵王李哲（即中宗李显）复帝位，恢复唐国号。

《龙朔中酒令》即以"杯盘"喻指武则天母子。作为"杯"的

“子”李显（中宗），被废为庐陵王，又徙放均州，可谓“子母相去离”；作为“盘”即“台”的“母”武则天，在政变中被废，武氏族中权臣被迁放，可谓“连台拗倒”。

这首被收入《全唐诗》的酒令，既有诗歌的精炼，又有民谣的诙谐，寓重大历史事件于生动的比喻之中，使得人们在会意之余回味无穷。

应景诙谐多妙趣

酒令，因酒而生，应景而灵。许多饮酒行令的场景，因才女名士的随机应变而妙趣横生，也因文人雅士的博学多才而妙不可言。

在《安雅堂酒令》中，载有这样一首酒令：

艾子醉后吵，门人置猪脏。
本意欲何之，乃譬唐三藏。

所附如何行令的说明是：得令者作吐而不饮，但打一好诨，诨不好者罚一杯。

这首酒令，表现了古人艾子的诙谐。

艾子，相传是宋代苏轼和明代陆灼在著作中所杜撰的一个战国时期齐国的诙谐人物。苏轼所作《艾子杂说》和陆灼所撰《艾子后语》，讲述了许多关于艾子富有智慧的故事。“艾”有“老”意，按其意思，“艾子”也可以说是“长者”。其人颇有政治眼光，对朝政和世情的种种弊端多有针砭，而且思路敏捷，说话风趣诙谐。

《艾子后语》中，有一则名为“认真”的故事，讽刺了当时的世情弊端。艾子到郊外游玩，徒弟通子、执子二人随从。艾子很渴，便派执子到农舍中去讨淡酒喝。农舍门口有一位老翁正在看书，执子作揖施礼，说明来意。老翁指着书卷中的“真”字问道：“要是认识这个字，就赠送给你淡酒。”执子说：“这是个‘真’字！”老翁很恼怒，不给他淡酒。执子只好返回，向艾子报告了经过。艾子说：“执子没有达到目的，通子应当前往。”通子见到老翁，老翁又问“真”字怎么认。通子回答说：“这是‘直八’两个字。”老翁很高兴，取出家中酿造的美酒送给他。艾子喝完酒后，深有感触地说：“通子真是聪明，如果也像执子那样认真，我连一勺水也将喝不到了！”这则意味深长的笑话，通过通子用析字的方法认“直八”，而不认“真”，造成双关与影射，再由艾子发出感慨，画龙点睛，说明了一个哲理：在那个封建时代，如果对事情太认真了，就会自讨苦吃。

《艾子杂说》中，有一则“艾子好饮”的笑话，描述了他的机智。笑话说，艾子好喝酒，一醉就是很多天，很少有清醒的时候，他的几个徒弟在一起商议说：“要想改变老师好饮酒的毛病，慢慢地规劝是不起作用的，只有用让他十分惧怕的事，来警告他才行。”

有一天，艾子又喝得酩酊大醉，呕吐一地。徒弟们就趁此机会偷偷地把一挂猪肠子放到艾子的呕吐物中。然后，又当着艾子的面指着地上呕吐物说：“人要有五脏才能活命，可老师您因为爱好喝酒，把其中的一脏都吐出来了，现在只剩下四脏了，还怎么活呢？”艾子仔细看了呕吐物中的肠子，笑着说：“唐三藏都可以活，何况我还有四脏呢？”

徒弟们说艾子只剩下“四脏”了，当然是哄骗他。但艾子并不从正面揭穿徒弟们的骗局，而是把“四脏”与“三藏”联系在了一起。

艾子所说的“唐三藏”，就是唐代高僧玄奘，著名佛教学者，俗称唐僧，通称三藏法师。他于贞观三年（629）从凉州（今甘肃武威市）出玉门关西行，经西域十六国，历尽艰险，前后四年到达北天竺，尽取天竺佛学要义，于贞观十九年（645）回到长安。从事翻译十九年，译出经、论七十五部一千三百三十五卷，对丰富佛教文化有一定贡献，并为古印度佛教保存了珍贵的典籍。他被称为三藏法师，是名副其实的。“三藏”为佛学内容，即经藏、律藏、论藏。“经”为佛所说；“论”为菩萨所著，以阐明佛义；“律”记戒规威仪，以便使僧人遵守。所谓“藏”，就是指所应该知道的一切义理，都蕴积于其中，好像积存黄金的库房一样。

显而易见，佛教之“藏”与人体内“脏”是毫不相干的两回事。但是，艾子却别出心裁，将“唐三藏”之“三藏”，曲解为“三脏”，然后说自己要活下去完全没有问题，因而酒也可以照样喝下去。艾子的巧妙譬喻，驳得徒弟们无言以对。

清代褚人穫所撰《坚瓠集》，讲了这样一件事：

明崇祯年间，苏郡侯陈洪谧、吴邑侯牛若麟与李伯屏，同坐于公馆之内，等候谒见上级官员。有一名姓曾的学生，与一名姓鲁的监生，乘间隙前来讲事。学生与监生离去后，陈洪谧说：“学生与监生的姓，是‘曾’与‘鲁’两个字，我戏作酒令一首，你们听。”

曾与鲁，
好似知县与知府。
头上脚下一般的，
只是腰里略差些。

这首酒令，在“曾”字与“鲁”字上作文章，把两者喻为知县与知府，指出头上和脚下一般模样，只是腰里有区别，即所谓“一腰金，一腰银”。

听了陈洪谧的酒令后，牛若麟应声说道："我也根据学生与监生的穿戴，来作一首。"

衰与哀，
好似监生与秀才。
头上脚下一般的，
只是肚里略差些。

酒令中指出：监生与秀才（学生），好似"衰"字与"哀"字，虽然头上与脚下一样，但肚里有差别，即学识有多有少。

陈洪谧听了，连声称妙。

《坚瓠集》还讲了明代文学家袁宏道与友人饮酒时相互戏谑之事。

袁宏道，字中郎。公安（今属湖北）人，擅写诗文，生平著作宏富。明万历二十年（1592）举进士，后选为吴县知县，听断敏决，处理公务迅速，因而常有时间与友人学士谈说诗文。

有一天，江右孝廉前来吴县会见，其弟担任部郎，与袁宏道有友谊。袁县令在船上置酒招待，并请来长邑县令江盈科同饮，边饮边去游山。酒已半酣，客人便请主人发一个酒令。袁宏道欣然应诺。他见船头放置一只水桶，便提出行酒令的要求："要说一物，却影合一亲戚称谓，并一官衔。"

袁宏道首先行令说：

此水桶，非水桶，
乃是木员外的箍箍。

这首酒令，即指出水桶由木块做成，又以双关的手法，开玩笑说，它不是水桶，而是员外的箍箍（哥哥）。员外，是一官衔，指孝廉的弟弟（部郎）。

接着，由孝廉行令。他见船上有一人手持笤帚，便说道：

此笤帚，非笤帚，

乃是竹编修的扫扫。

这首酒令，是以竹子编的笤帚用来扫地之用，与袁宏道开玩笑。因为当时袁宏道的哥哥袁宗道和弟弟袁中道，都由于才学出众担任编修之职。“扫扫”，是“嫂嫂”的谐音。

江盈科正在思考，见岸上有人捆束稻草，便行令说：

此稻草，非稻草，

乃是柴把总的束束。

这首酒令，明指稻草为柴束，用以影射孝廉。因为江盈科知道孝廉原是军人，本族侄子当时仍任武职。把总，是军队官衔。“束束”，是“叔叔”的谐音。

三人乘着酒兴，以雅令相戏。然后，互相看看，开怀大笑。

《坚瓠集》中还记载，明朝末年，吴郡歌女陈二，有一天与众位名士一起饮酒，共说酒令。行令的要求，是“欲言有此语无此事者”。

大家都引用了一些俗话谚语。

陈二却与众不同。她对《大学》《中庸》《论语》《孟子》很熟悉，因此被人们称为“四书陈二”。这次，陈二又从四书中引用了一句：

缘木求鱼。

众人一听，认为确有这样的语句，而没有这样的事情，便称赞说，不愧为“四书陈二”。

“缘木求鱼”，出自《孟子·梁惠王上》，为孟子教训齐宣王的故事。孟子游说魏国之后，到了齐国。当时，正是齐宣王在位。齐宣王一见赫赫有名的孟老夫子到来，很高兴，便请他谈谈关于春秋时期的齐桓公、晋文公如何称霸的事迹。孟子是主张“王道”、反对霸道的，他一听齐宣王叫他谈“齐桓、晋文之事”，便找了一个理由说：“孔子的弟子们都没有谈过齐桓公、晋文公的事迹，所谓他们称霸之事，没有传到后世，我也没有听说过，如果还要我说，我就说说‘王道’吧。”在孟子与齐宣王关于“王道”问题的谈论中，孟子提出要行仁政，以道德力量来统一天下。反对使用军队去扩张疆土。如不施仁政，是要与别的国家结仇构怨的。

当孟子发现齐宣王恰恰是想要扩张国土，致使秦国、楚国这些大国都能向他来朝贡，而自己好做天下之盟主时，就毫不客气地说：“以若所为，求若所欲，犹缘木而求鱼也。”意思是说，以您这样的做法，满足自己的欲望，像爬到树上去捉鱼，根本不可能实现。

齐宣王也不客气地反问说：“若是其甚与？”意思是，难道有这么严重吗？

孟子说：“殆有甚焉，缘木求鱼，虽不得鱼，无后灾。以若所为，求若所欲，尽心力而为之，后必有灾。”意思是说，恐怕比这还要严重呢！缘木求鱼，虽然得不到鱼，但没有后灾。以您这样的做法想满足自己的欲望，而且尽力去干，必定有灾祸在后头。

后来，人们便把“缘木求鱼”作为成语，用以比喻行动和目的相反，是绝对得不到结果的。

“四书陈二”在饮酒行令时，按照“有其语无其事”的要求，巧妙地引用“缘木求鱼”，所以受到众人的称赞。

然而，座中有一位少年故意出难题，辩驳陈二说：“乡人守簖者，皆植木于河中，而栖身于上以拽罾，岂非有是事乎？”“簖”（duàn），是拦河插在水里的竹栅栏，用来阻挡鱼、虾、螃蟹，以便捕捉。“罾”（zēng），是一种用木棍或竹竿做支架的渔网。意思是说，乡里人为了在鱼簖前拉渔网，都在河中栽种树木，停留在树木上捕鱼，难道不是有“缘木求鱼”这样的事吗？

由于少年的驳难，陈二的“缘木求鱼”酒令没有能站住脚，结果，她补罚饮酒。

陈二饮完酒后，微微一笑，重新说了一句酒令：

挟太山以超北海。

陈二的这一酒令，仍引自《孟子·梁惠王上》中孟子关于王道问题的谈论：“挟太山以超北海，语人曰‘我不能’，是诚不能也。为长者折枝，语人曰‘我不能’，是不为也，非不能也。故王之不王，非挟太山以超北海之类也；王之不王，是折枝之类也。”意思是说，大王您不实行王道，并不是像“挟太山以超北海”那样，确实办不到，而是像“为长者折枝”，即为长者折树枝那样，能办到而不办。

“太”通“泰”，“太山”亦作“泰山”。陈二把“挟太山以超北海”引为酒令，符合了“有其语无其事”的要求，赢得众人的一片喝彩。那位少年见陈二的酒令妙语惊人，没有漏洞可以挑剔，只好随声附和，一起叹赏。

杜甫骑驴历坎坷

《安雅堂酒令》中，有一首“子美骑驴”写道：

暮随肥马尘，朝扣富儿门。
残杯与冷炙，到处潜悲辛。

所附如何行令的说明为：以对坐客或酒主人为富儿，得令者作骑驴状，扣门索酒，富儿给予残杯冷炙。既饮食之，作十七字诗一首相谢，不能作者学驴叫三声而止。

子美，即唐代大诗人杜甫。他博学精深，下笔有神，被称为“诗圣”，可是，到长安寻求功名时竟处处碰壁，素志难伸。他在困守长安期间，曾写了一首求人援引的诗《奉赠韦左丞丈二十二韵》，向担任尚书左丞的韦济直抒胸臆，吐出了长期郁积下来的对封建统治者压制人才的悲愤不平。诗云：

纨袴不饿死，儒冠多误身。
丈人试静听，贱子请具陈。
甫昔少年日，早充观国宾。
读书破万卷，下笔如有神。

赋料扬雄敌，诗看子建亲。
李邕求识面，王翰愿卜邻。
自谓颇挺出，立登要路津。
致君尧舜上，再使风俗淳。
此意竟萧条，行歌非隐沦。
骑驴十三载，旅食京华春。
朝扣富儿门，暮随肥马尘。
残杯与冷炙，到处潜悲辛。
主上顷见征，欻然欲求伸。
青冥却垂翅，蹭蹬无纵鳞。
甚愧丈人厚，甚知丈人真。
每于百僚上，猥诵佳句新。
窃效贡公喜，难甘原宪贫。
焉能心怏怏，只是走踆踆。
今欲东入海，即将西去秦。
尚怜终南山，回首清渭滨。
常拟报一饭，况怀辞大臣。
白鸥没浩荡，万里谁能驯?

这首诗写得如泣如诉，真切动人。其中，“骑驴十三载，旅食京华春。朝扣富儿门，暮随肥马尘。残杯与冷炙，到处潜悲辛”几句，讲述了这样的情景：在繁华京城的旅客生涯中，自己经常骑着一匹瘦弱的毛驴，奔波颠踬在闹市的大街小巷。早上敲打富人家的大门，受尽纨绔子弟的白眼。晚上，尾随着贵人肥马扬起的尘土，怀着郁郁的心情归来。日复一日，成年累月，就是在权贵们的残杯冷炙中讨生活。此情此景，令人叹息。酒令“子美骑驴”，即由此引用发挥而来。

子美骑驴，是杜甫坎坷一生的侧影。自称少陵野老、杜陵野客的杜甫，原籍襄阳，生于巩县（今河南巩义市），系诗人杜审言之孙。少年时家贫好学，学识渊博，怀有远大政治抱负。曾漫游吴、越、齐、赵各地。天宝三载（744），在洛阳与另一位伟大诗人李白相识，结下深厚友谊。安史之乱前，寓居长安，举进士不第，过着“残杯与冷炙，到处潜悲辛”的生活。安史之乱起，他冲破敌围，奔至凤翔，谒见唐肃宗，拜为左拾遗。因上疏为兵败罢相的房琯辩护，触怒皇帝，贬为华州司功参军。不久，弃官流落，一度任剑南节度参谋、检校工部员外郎，所以世称“杜工部”。晚年携带家眷离开四川，病死湘江途中。杜甫的诗浑涵汪洋，有“诗史”之誉，是古代诗歌创作的高峰，为后世所宗。杜甫与李白齐名，被并称为“李杜”。他们不仅在诗歌创作上都有极为辉煌的成就，而且在生活道路上都有漂泊穷苦的经历。对此，唐代杰出文学家韩愈曾写过一首评论性的诗《调张籍》，诗云：

李杜文章在，光焰万丈长。
不知群儿愚，那用故谤伤。
蚍蜉撼大树，可笑不自量！
伊我生其后，举颈遥相望。
夜梦多见之，昼思反微茫。
徒观斧凿痕，不瞩治水航。
想当施手时，巨刃磨天扬。
垠崖划崩豁，乾坤摆雷硠。

惟此两夫子，家居率荒凉。
帝欲长吟哦，故遣起且僵。
剪翎送笼中，使看百鸟翔。
平生千万篇，金薤垂琳琅。
仙官敕六丁，雷电下取将。
流落人间者，太山一毫芒。
我愿生两翅，捕逐出八荒。
精诚忽交通，百怪入我肠。
刺手拔鲸牙，举瓢酌天浆。
腾身跨汗漫，不着织女襄。
顾语地上友：经营无太忙。
乞君飞霞佩，与我高颉颃。

在这首笔势波澜壮阔、恣肆纵横的诗中，韩愈对李白和杜甫的诗文，给予了热情的赞美，表现出无限的倾慕之情。“李杜文章在，光焰万丈长”二句，已成为对这两位伟大诗人的千古定评。“惟此两夫子，家居率荒凉。帝欲长吟哦，故遣起且僵。剪翎送笼中，使看百鸟翔”六句，则是感叹两位伟大诗人的坎坷遭遇：他们生前怀才不遇，生活凄凉；天帝要使诗人永不停止歌唱，便故意给予他们升沉不定的命运；他们好比剪了羽毛囚禁在笼中的鸟儿，痛苦地看着外边的百鸟自由自在地飞翔。读了韩愈这首气势磅礴、境界奇丽、品评贴切的诗，很容易使人联想起历代赞颂杜甫的大量诗文，联想起杜甫草堂一些品评贴切的对联。

杜甫草堂，位于四川成都市西郊的浣花溪畔。唐肃宗乾元二年（759），杜甫为生活所迫，举家由陕甘流亡成都，于城西建草堂寄寓，住了将近四年，写诗240余首。名篇《茅屋为秋风所破歌》即居草堂之作。为了纪念这位伟大的诗人，从宋代开始在此建祠，经明清两次大的修建，奠定了今天的草堂规模。主要建筑有大廨、诗史堂、柴门、工部祠，布局紧凑，别具一格。梅园楠林，翠竹千竿，溪流小桥，交错庭中，使诗人故宅增添无限诗情画意，引游客观瞻，一年四季络绎不绝。在古今名人为杜甫草堂题写的对联中，有一些名联激起了人们的强烈共鸣。

如清代文人象予民题写的对联，对杜甫的一生充满感佩之情：

诗史数千年，秋天一鹄先生骨；

草堂三五里，春水群鸥野老心。

这副对联，根据《新唐书·杜甫传》关于“甫又善陈时事，律切精深，至千言不少衰，世号‘诗史’”的记载，以“诗史”赞美杜甫所写的诗歌，以“鹄”这种飞翔甚高、鸣声洪亮的鸟比喻杜甫；以“野老”的流寓悲辛生活，再现杜甫“长安苦寒谁独悲？杜陵野老骨欲折”（《投简咸华两县诸子》）的坎坷遭遇，给人以很深的印象。

再如，朱德元帅为诗史堂题写的一副对联，以十分简括的文字，指明了草堂胜迹的深远影响和杜甫作品的不朽价值：

草堂留后世，诗圣著千秋。

又如，《李白与杜甫》的作者、著名文学家郭沫若，在为诗史堂题写的对联中，深刻地分析了杜甫诗作产生的社会背景，对杜甫作出了十分恰切的评价：

世上疮痍笔底波澜，

民间疾苦诗中圣哲。

赏阅名诗名联，综观杜甫忧国伤时的一生，领会杜甫意义伟大的诗作，再看酒令《子美骑驴》的描述，确实令人感叹不已。

岳阳三醉咏名楼

《安雅堂酒令》中载有一首“岳阳三醉”，令词是：

洞宾横一剑，三上岳阳楼。
尽见神仙过，西风湘水秋。

所附如何行令的说明是：神仙饮酒，必有飘逸之态，唱三醉岳阳楼一折，浅酌三杯。不能者，则歌神仙诗三首。

这首酒令的流传，反映了人们对岳阳楼和吕洞宾的热爱之情。

吕洞宾，即“八仙过海，各显神通”中的仙人之一。明代吴元泰《八仙出处东游记》，对民间传说中的八位神仙，即汉钟离、张果老、吕洞宾、铁拐李、韩湘子、曹国舅、蓝采和、何仙姑，有详细描写。这八位神仙各有各的法术。有一次，他们一同去瑶池参加王母娘娘的蟠桃会，途经东海。面对一望无边、巨浪滔天的大海，吕洞宾提议：“我们每人都将自身携带的一件宝物投进海里，让这些宝物载着我们过海。”其他七位神仙一致同意吕洞宾的意见。铁拐李首先把拐棍投进水中，自己稳稳地站在上面。接着，韩湘子投下花篮，吕洞宾投下箫管，蓝采和投下拍板，汉钟离投下鼓，张果老投下纸驴，曹国舅投下玉版，何仙姑投下竹罩。然后，都站立在各自投放的东西上面，依靠自己的神力，乘风破浪，非常顺利地渡过了东海。后来，这个神话故事被概括成“八仙过海，各显神通”的成语，用来比喻在某一个集体中，各人都拿出自己的本领去完成共同的任务。吕洞宾作为八仙之一，不仅名字为人们所熟悉，而且故事流传得也很多。

吕洞宾属于被神化了的历史人物。他原名吕岩，唐朝蒲州人，其故乡在今山西省最南端的芮城县永乐镇。他的祖辈都为隋唐官吏。他也曾在唐宝历元年（825）两鬓斑白时考中进士，当过两县县令。后来弃官出逃，到九峰山修行。出走前，他为乡民大做好事，将自己的万贯家产散发给贫民。上山后，他与妻子各居一洞，相对而住，并改名为吕洞宾，号纯阳子。在山上，吕洞宾遇到钟离权（即汉钟离），一心向他学习道教。经过多日的修炼后，吕洞宾下山，开始云游四方。

吕洞宾随身带有一柄宝剑。传说他剑术精湛，常常黎明起舞，月下对击，因而晚年身体健康，有“百余岁而童颜；步履轻疾，顷刻数百里”之神誉。平时，吕洞宾头戴华阳巾，身穿黄白襕衫，打扮得十分平常。他走到哪里，就给哪里的百姓治病，从不要任何报酬。吕洞宾的事迹，使得家乡的人们深受感动。后来，家乡为他修建了“吕公祠”以示纪念。位于芮城县的永乐宫金碧辉煌，千姿百态，闻名中外。从元朝初年开始，又以110多年的时间修建而成。在永乐宫的五进宫殿中，有一座纯阳殿，又称吕祖殿。殿内吕祖的塑像矗立，面目慈祥和善，神态端庄自若，令人肃然起敬。殿内的壁画十分精美，以连环画的形式描绘了吕洞宾的生平事迹。在五十二幅连环画中，有一幅就画着吕洞宾为无钱求医的老妇人的儿子治病、治好后分文不取、老人感激不尽的情景。

吕洞宾晚年，多在四川、广东、广西、湖南、湖北一带活动。他浪迹江湖，隐显变化，仗剑除害，酣饮美酒，为民间所喜闻乐道。其中，“吕洞宾三醉岳阳楼”的传说，还被元代著名剧作家马致远编作杂剧，在舞台上演唱多年。

岳阳楼，位于湖南省岳阳市西门城楼上，与江西南昌的滕王阁、湖北武昌的黄鹤楼同称“江南三大名楼”，历来有“洞庭天下水，岳阳天下楼”的盛誉。岳阳楼历史悠久。早在三国时期，东吴名将鲁肃率领水师驻守岳阳，在洞庭湖上练兵，选中傍山依湖的西城门建立阅兵台。阅兵台就是岳阳楼的前身。至唐朝开元四年（716），中书令张说谪守岳州（后称巴陵，即今岳阳），在阅兵台旧址建阁，取名岳阳楼。此后，岳阳楼几经兴废重建，保持了宋代的建筑艺术风格。

岳阳楼之所以名驰南北，除了它精美的建筑，扼长江、临洞庭的奇特地势，“水天一色，风月无边”的瑰丽风光之外，还在于历代文人墨客常常来此游览，把酒临风，凭栏赋诗，留下了许多描写和赞颂它的名篇，又在于留下了“吕洞宾三醉岳阳楼”之类的动人传说。

在历代名家留下的赞美岳阳楼的诗文中，包括李白、杜甫这两位伟大诗人的不朽诗篇。李白早期游览岳阳楼，曾留下诗作十几首，不少名篇为后人所喜爱和传诵。如《与夏十二登岳阳楼》写道：

楼观岳阳尽，川迥洞庭开。
雁引愁心去，山衔好月来。
云间连下榻，天上接行杯。
醉后凉风起，吹人舞袖回。

全诗写得情景交融，颇具艺术特色。其中前两句意境新颖，被认为是千古绝句。

杜甫晚年来到洞庭，并在这里度过他最后的岁月。他的《登岳阳楼》诗，写得悲壮深沉：

昔闻洞庭水，今上岳阳楼。
吴楚东南坼，乾坤日夜浮。
亲朋无一字，老病有孤舟。
戎马关山北，凭轩涕泗流。

杜甫在诗中以雄浑的气魄描绘了洞庭景色，又以深沉的笔触抒发了自己年老多病、郁郁不得志的情怀，使人们对岳阳楼的印象更为深刻。

在古往今来吟咏岳阳楼的大量诗文中，传诵之广和影响之大的，莫过于宋代范仲淹所写的《岳阳楼记》。一篇364字的短文，写得情真景切，感人肺腑：

庆历四年春，滕子京谪守巴陵郡。越明年，政通人和，百废具兴。乃重修岳阳楼，增其旧制，刻唐贤今人诗赋于其上。属予作文以记之。

予观夫巴陵胜状，在洞庭一湖。衔远山，吞长江，浩浩汤汤，横无际涯。朝晖夕阴，气象万千。此则岳阳楼之大观也，前人之述备矣。然则北通巫峡，南极潇湘，迁客骚人，多会于此；览物之情，得无异乎？

若夫霪雨霏霏，连月不开；阴风怒号，浊浪排空；日星隐曜，山岳潜形；商旅不行，樯倾楫摧；薄暮冥冥，虎啸猿啼。登斯楼也，则有去国怀乡，忧谗畏讥，满目萧然，感极而悲者矣。

至若春和景明，波澜不惊；上下天光，一碧万顷；沙鸥翔集，锦鳞游泳；岸芷汀兰，郁郁青青。而或长烟一空，皓月千里；浮光跃金，静影沉璧；渔歌互答，此乐何极！登斯楼也，则有心旷神怡，宠辱皆忘，把酒临风，其喜洋洋者矣。

嗟夫！予尝求古仁人之心，或异二者之为，何哉？不以物喜，不以己悲。居庙堂之高，则忧其民；处江湖之远，则忧其君。是进亦忧，退亦忧。然则何时而乐耶？其必曰“先天下之忧而忧，后天下之乐而乐”乎欤？噫！微斯人，吾谁与归？

范仲淹这篇脍炙人口的佳作，使得岳阳楼更加名著天下。文中“先天下之忧而忧，后天下之乐而乐”二句，已成为传世名言。也有人以“忧乐”两字代称《岳阳楼记》。

“吕洞宾三醉岳阳楼”的传说，又使岳阳楼蒙上了神话色彩。吕洞宾的故事，与李白、杜甫等名人的诗作，范仲淹的文笔，均已成为岳阳楼文化不可缺少的组成部分。这一点，不仅体现在岳阳楼名胜古迹的建筑上，而且体现在建筑物的许多楹联中。在岳阳楼的建筑群中，除主楼外，两侧还有两座辅亭：一座名“三醉亭”，一座名“仙梅亭”。“三醉亭”就是以吕洞宾“三醉岳阳楼”的神话而命名的。岳阳楼附近，还新建“怀甫亭”一座，由朱德元帅在1962年题词，书写了“怀甫亭”三个刚劲大字。亭中石碑上，刻有杜甫的《登岳阳楼》诗。这座亭，为纪念大诗人杜甫诞生1250周年而修建。至于岳阳楼建筑的各种楹联，涉及吕仙、杜诗、范文者颇多，现仅举数例。

如有一副由毕秋帆撰写的楹联，这样写道：

湘灵瑟，吕仙杯，坐揽云涛人宛在；

子美诗，希文笔，笑题雪壁我重来。

再如，有一副楹联写道：

湖景依然，谁为长醉吕仙，理乱不闻惟把酒；

昔人往矣，安得忧时范相，疮痍满目一登楼。

又如，一副由何子贞撰写的楹联，这样写道：

一楼何奇？杜少陵五言绝唱，范希文两字关情，滕子京百废俱兴，吕纯阳三过必醉，诗耶？儒耶？吏耶？仙耶？前不见古人，使我怆然涕下；

诸君试看，洞庭湖南极潇湘，扬子江北通巫峡，巴陵山西来爽气，岳州城东道崖疆。渚者、流者、峙者、镇者，此中有真意，问谁领会得来？

这些夹叙夹议的楹联，趣味横生，使得岳阳楼古迹更加引人入胜，也使得“吕洞宾三醉岳阳楼”等趣闻轶事和其他史料，更加引人注目。

苏轼赤壁赋名篇

在《安雅堂酒令》中，有一首“东坡赤壁”颇引人注目：

客喜吹洞箫，客倦则长啸。
觉时戛然鸣，梦里道士笑。

所附如何行令的说明是：得令者初作鹤鸣。先饮一杯，再作散花步虚之类。左右二客，一吹箫，一长啸，各饮五分。

这首酒令，从一个独特的角度，展现了东坡与赤壁的不解之缘。东坡，即北宋杰出文学家、书画家苏轼。苏轼，字子瞻，眉州眉山（今四川眉山市）人。他学识渊博，才情卓绝，为“唐宋八大家”之一。工诗擅词，对后代有深远影响。苏轼自号东坡居士，写有两篇艺术成就极高的散文——《前赤壁赋》和《后赤壁赋》。

《前赤壁赋》，写于元丰五年（1082）七月。当时，苏轼到黄州的赤壁游览，深有感触，便以泛舟夜游赤壁为线索，在这篇散文赋中表达了自己的“超然”思想和旷达胸怀。文赋中这样写道：

壬戌之秋，七月之望，苏子与客泛舟游于赤壁之下。清风徐来，水波不兴。举酒属客，诵明月之诗，歌窈窕之章。

少焉，月出于东山之上，徘徊于斗牛之间。白露横江，水光接天。纵一苇之所如，凌万顷之茫然。浩浩乎如冯虚御风，而不知其所止；飘飘乎如遗世独立，羽化而登仙。

于是饮酒乐甚，扣舷而歌之。歌曰："桂棹兮兰桨，击空明兮溯流光，渺渺兮余怀，望美人兮天一方。"客有吹洞箫者，倚歌而和之。其声呜呜然，如怨，如慕，如泣，如诉，余音袅袅，不绝如缕，舞幽壑之潜蛟，泣孤舟之嫠妇。

苏子愀然，正襟危坐而问客曰："何为其然也？"

客曰："'月明星稀，乌鹊南飞'，此非曹孟德之诗乎？西望夏口，东望武昌，山川相缪，郁乎苍苍，此非孟德之困于周郎者乎？方其破荆州，下江陵，顺流而东也，舳舻千里，旌旗蔽空，酾酒临江，横槊赋诗，固一世之雄也，而今安在哉？况吾与子渔樵于江渚之上，侣鱼虾而友麋鹿，驾一叶之扁舟，举匏樽以相属，寄蜉蝣于天地，渺沧海之一粟。哀吾生之须臾，羡长江之无穷，挟飞仙以遨游，抱明月而长终。知不可乎骤得，托遗响于悲风。"

苏子曰："客亦知夫水与月乎？逝者如斯，而未尝往也；盈虚者如彼，而卒莫消长也。盖将自其变者而观之，则天地曾不能以一瞬；自其不变者而观之，则物与我皆无尽也，而又何羡乎？且夫天地之间，物各有主，苟非吾之所有，虽一毫而莫取。惟江上之清风，与山间之明月，耳得之而为声，目遇之而成色，取之无禁，用之不竭，是造物者之无尽藏也，而吾与子所共适。"

客喜而笑，洗盏更酌。肴核既尽，杯盘狼藉。相与枕藉乎舟中，不知东方之既白。

这篇情景交融、构思精湛的文赋，就是酒令《东坡赤壁》中“客喜吹洞箫”的出处。

三个月后，苏轼重游赤壁，又写下《后赤壁赋》：

是岁十月之望，步自雪堂，将归于临皋。二客从予，过黄泥之坂。霜露既降，木叶尽脱，人影在地，仰见明月，顾而乐之，行歌相答。已而叹曰：“有客无酒，有酒无肴，月白风清，如此良夜何？”客曰：“今者薄暮，举网得鱼，巨口细鳞，状似松江之鲈，顾安所得酒乎？”归而谋诸妇。妇曰：“我有斗酒，藏之久矣，以待子不时之需。”

于是携酒与鱼，复游于赤壁之下。江流有声，断岸千尺。山高月小，水落石出。曾日月之几何，而江山不可复识矣！予乃摄衣而上，履巉岩，披蒙茸，踞虎豹，登虬龙，攀栖鹘之危巢，俯冯夷之幽宫，盖二客不能从焉。划然长啸，草木震动，山鸣谷应，风起水涌。予亦悄然而悲，肃然而恐，凛乎其不可留也。反而登舟，放乎中流，听其所止而休焉。

时夜将半，四顾寂寥。适有孤鹤，横江东来，翅如车轮，玄裳缟衣；戛然长鸣，掠予舟而西也。须臾客去，予亦就睡。梦一道士，羽衣蹁跹，过临皋之下，揖予而言曰：“赤壁之游乐乎？”问其姓名，俯而不答。“呜呼！噫嘻！我知之矣！畴昔之夜，飞鸣而过我者，非子也耶？”道士顾笑，予亦惊寤。开户视之，不见其处。

这篇散文赋，叙事写景，抒发情怀，充满浪漫主义色彩。酒令“东坡赤壁”中，“客倦则长啸。觉时戛然鸣，梦里道士笑”三句，就是化用此赋的词句而作成。

“东坡赤壁”，不仅作为酒令的题目流传于世，而且在后来作为名胜的定名为人瞩目。

名胜“东坡赤壁”，原名“赤鼻”，也称“赤鼻矶”，位于古黄州（今湖北黄冈市）。此处断岩临江，突出下垂，色呈赭赤，形如悬鼻，因而得名。苏轼贬居黄州期间，常游此地，既写了著名的《前赤壁赋》和《后赤壁赋》两篇散文，还写了一篇被誉为“千古绝唱”的词《念奴娇·赤壁怀古》。词曰：

大江东去，浪淘尽、千古风流人物。故垒西边，人道是、三国周郎赤壁。乱石穿空，惊涛拍岸，卷起千堆雪。江山如画，一时多少豪杰！

遥想公瑾当年，小乔初嫁了，雄姿英发。羽扇纶巾，谈笑间、强虏灰飞烟灭。故国神游，多情应笑我，早生华发。人间如梦，一樽还酹江月。

这篇作为北宋词坛上引人注目的作品之一的“绝唱”，气势磅礴，格调雄浑，豪情昂奋，感慨超旷，可谓境界宏大，笔力非凡。由于苏轼以这篇《赤壁怀古》词和前、后《赤壁赋》，生动地描绘了赤壁的壮丽景色，从而使赤壁成为闻名遐迩的游览胜地。

其实，三国时期的赤壁之战遗址，位于湖北蒲圻县西北36公里的长江南岸，古名石头关，隔江与乌林相望。相传东汉末年建安十三年（208），孙权与刘备联军，在此处采用火攻，大破曹操战船，当时火光照得江岸崖壁一片通红，由此而得名“赤壁”。

苏轼在游赏黄冈城外的赤壁（鼻）矶时，在词中点出这里是传说中的古代赤壁战场，不过是聊借怀古以抒感而已。当这里因苏轼赏游并写出辞赋名篇、成为吸引游人的古迹后，为与三国时期“赤壁之战”的赤壁相区别，清朝康熙年间重修时，便把这里定名为“东坡赤壁”。如今，经修缮整理的建筑焕然一新。二赋堂、挹爽楼、留仙阁、碑阁、坡仙亭、酹江亭、睡仙亭、放龟亭、问鹤亭等与苏轼游赏辞赋有关的建筑物，掩映在绿树红墙之间，瑰丽典雅，饶富画意。亭堂之内，历代文人书写的木刻、碑石，琳琅满目。其中，二赋堂对联和赤壁门楼对联，更受到游客的青睐，被反复吟诵，广为传抄。

二赋堂内嵌有《前赤壁赋》和《后赤壁赋》的木刻和石刻。二赋堂有一副对联，出自清代嘉庆时进士、学者朱兰坡（名朱琦，甘肃泾川县人）之手，联云：

胜迹别嘉鱼，何须订异箴讹，但借江山摅感慨；
豪情传梦鹤，偶尔吟风啸月，毋将赋咏概生平。

这副对联的大意是：黄州这里的赤壁，有别于嘉鱼的赤壁，何必去考真假呢，苏轼不过是借江山抒感慨而已；诗人以梦鹤描写豪放之情，在作品中偶尔吟风诵月，但切不能以《赤壁赋》来概括苏轼的一生。对联中的“梦鹤”即出自《后赤壁赋》中提到的梦鹤之事：“适有孤鹤，横江东来，翅如车轮，玄裳缟衣，戛然长鸣，掠予舟而西也。须臾客去，予亦就睡。梦一道士，羽衣蹁跹……”与酒令《东坡赤壁》中的“觉时戛然鸣，梦里道士笑”出处相同。对联中的“吟风啸月”，则源于《前赤壁赋》中的“清风徐来，水波不兴，举酒属客，诵明月之诗”和《后赤壁赋》中的“月白风清，如此良夜何”等词句。

东坡赤壁门楼的对联，由清代康熙时任黄州府同知的郭朝祚（满族镶红旗人）书写。联云：

客到黄州，或从夏口西来，武昌东去；

天生赤壁，不过周郎一炬，苏子两游。

这副对联，巧妙地点明了黄州赤壁为后人不断观瞻的缘由。郭朝祚工书法，善绘画。他不仅书写了这副非常恰切得体的门楼对联，而且书写了“东坡赤壁”的门楼题匾。此题匾至今犹存，供游客驻足凝思，浮想联翩。

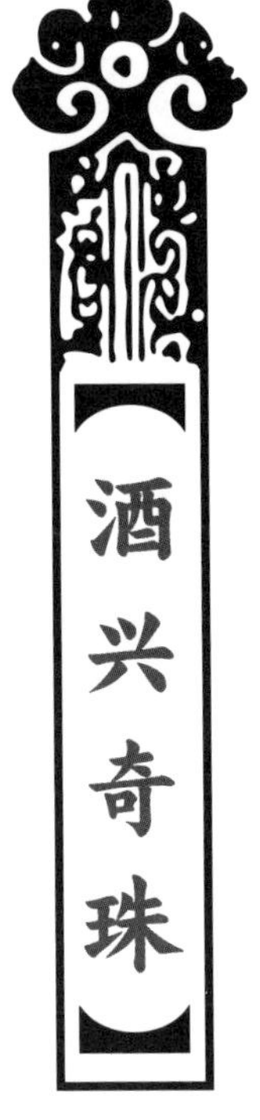

酒兴奇珠

翠壁丹崖天半开，
七贤曾此共徘徊；
当年酩酊堪遗世，
何事仍留醒酒台？

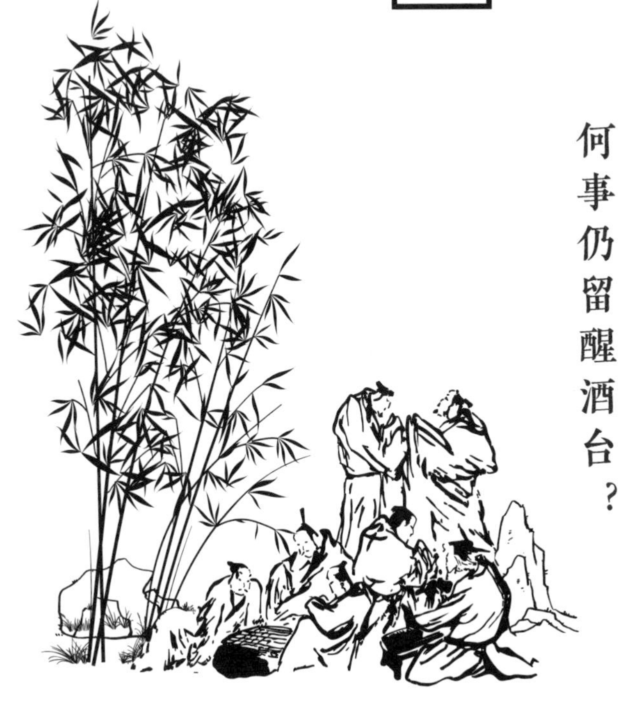

刘伶善饮常酩酊

刘伶，魏晋名士，“竹林七贤”之一，也是古代善饮者中的一个代表人物。据《晋书·刘伶传》记载，刘伶，字伯伦，沛国（今安徽宿州市）人，“身长六尺，容貌甚陋”。但“放情肆志”，言行毫无顾忌。古籍中，有大量关于刘伶纵酒的记述、传说和笑话，也有不少流传于口头的民间故事。

刘伶为了饮酒，“初不以家产有无介意”，倾家荡产也在所不惜。他在饮酒时或带醉后，常有一些放浪形骸的举动。例如，他常乘鹿车，背着一壶酒，并叫人扛着锄头跟在后面，吩咐说：“我醉死在哪里，就在哪里把我埋掉。”有一次，有客人见他，他竟不穿衣服。当客人责问他为什么这样无礼时，他却振振有词地回答说：“天地是我的房屋，房屋就是我的衣服，你们为什么进我的裤子中来？”刘伶不承认世界上的清规戒律，这种观念在他所作的《酒德颂》中也有所流露。

刘伶嗜酒，而且善文。他的诗文中以《酒德颂》最出名，被列为魏晋散文中的名篇。全文不足200字，却写得气势宏放，意境开阔。刘伶用夸张的语言，描绘了一个神话般的“大人先生”，说他“以天地为一朝，万期为须臾，日月为扃牖，八荒为庭衢。行无辙迹，居无室庐，幕天席地，纵意所如”，具有超越古今、横跨宇宙的气魄。其嗜好是“止则操卮执觚，动则挈榼提壶，惟酒是务，焉知其余”。而且置“陈说礼法”于不顾，喝起酒来不是举杯而饮，而是“捧罂承槽，衔杯漱醪，奋髯箕踞，枕曲藉糟，无思无虑，其乐陶陶。兀然而醉，恍尔而醒”，并进入“静听不闻雷霆之声，熟视不睹泰山之形。不觉寒暑之切肌，利欲之感情。俯观万物，扰扰焉若江海之载浮萍”的境界。这篇赞扬老庄思想和纵酒放诞生活的文章，可谓刘伶的自我写照。

刘伶沉湎于酒，且不听劝阻。曾有一次，刘伶的酒瘾上来了，便求他的妻子找酒来喝，但酒已被他的妻子藏了起来，酒器也被毁坏。此时，其妻哭哭啼啼地劝他说：“君酒太过，非摄生之道，必宜断之。”意思是说，你喝酒过量，这不是保养身体的办法，必须戒除掉这一习惯才行。刘伶说：“你说得很好！我不能自己禁止，只有向鬼神发誓。你准备祭祀的酒肉吧。”妻子按照他说的做了。于是，刘伶跪下发出誓言：“天生刘伶，以酒为名。一饮一斛，五斗解酲。妇儿之言，慎不可听。”说完后，刘伶仍然喝酒吃肉，又喝得酩酊大醉。见此情景，妻子在旁边真是哭笑不得。

宋代天和子所撰《善谑集》中，有一则“肉得酒而更久”的笑话，讲的也是刘伶为喝酒而不听劝阻的轶事。说刘伶爱好喝酒，有人想了一个劝说他的主意，即用酿酒的器具总是先腐朽的事实，来说明酒对人的身体没有好处。但刘伶却针锋相对地回答：“君不见肉得酒而更久耶？”

由于刘伶善饮，而且言行别具一格，人们在谈酒时，往往提及他；在借古讽今时，也往往借用他的名字和事迹。

宋朝罗烨所编《醉翁谈录》中，就有一则借刘伶贪酒“嘲人请酒不醉”的笑话。说刘伶的妻子常常为丈夫酗酒而苦恼，便与刘伶的妾商量想谋害他。两人合计好后，便酿了一大缸酒。刘伶则每天都催着要喝这缸酒。妻子说：“等酿熟后，我请你喝个醉饱。”当酒酿好后，她便让刘伶就着缸喝。妻妾二人乘刘伶喝酒不备时，一起用力，把他推入酒缸中，再用巨大的木块压在上面。过了三天，他们见酒缸中没有任何动静，本以为刘伶已经溺死在酒中了，便把缸盖打开查看。只见缸内的酒已被喝尽，刘伶酩酊大醉地坐在糟粕之上。过了些时辰，刘伶才抬起头来，对妻子说：“你答应让我喝个醉饱，但现在教我在这儿闲坐着干啥？”这虽说是一则笑话，但此笑料的出现，显然与刘伶的酒量之大有着密切的联系。

还有一些关于刘伶醉酒的神话流传开来，更为有趣。如有一个传说讲，中山国有位酿酒大师，名叫狄希。他酿造的酒醇和绵甜，酒劲长久而不伤人，名叫“中山酒”，曾被唐代诗人鲍溶赞为“闻道中山酒，一杯千日醒”。意思是说，杯酒下肚，一醉千日。善饮的名士刘伶因倾慕中山酒，不远千里而来，向狄希索酒。当时酒未酿熟，狄希不给。刘伶闻得酒香，实在难忍，强索再三。狄希难却，遂与一杯。刘伶一饮而醉三年。他三年后醒来还大声呼喊：“好酒哇！”当时闻到刘伶醉酒气味的人，也都大醉了三个月。于是，后来这里出产的酒又被称为“刘伶醉”，声名远扬。

“喝了杜康酒，刘伶成酒仙”的民间故事，说得更为神奇。相传刘伶在到处游历、喝酒的过程中，来到洛阳南边的杜康酒坊门前。他抬头一看，只见门上写有一副对联：

上联：

猛虎一杯山中醉。

下联：

蛟龙两盏海底眠。

横批：

不醉三年不要钱。

刘伶看罢，心中气恼，心里直犯嘀咕：你未曾开酒馆先访一访，谁不知刘伶是个好酒男，往东喝到东洋海，往西喝过老四川，往南喝到云南地，往北喝到塞外边，东西南北都喝遍，也没把我醉半天。今天来到你这儿，竟敢口气这么大。看我一怒之下进酒馆，把你的坛坛罐罐都喝干，不出三天叫你把门关。刘伶进酒馆后，仗着自己酒量大，不听杜康的劝说，一连饮下三杯，结果感到天转地旋，头晕眼花，摇摇晃晃回到家里就醉倒了。他向妻子交代说："我要是死了，把我埋到酒池内，上边埋上酒糟，把酒盅酒壶都给我放在棺材里。"说完，刘伶就死了。他妻子就照他的嘱咐办了后事。过了三年，杜康找到刘伶家里，与刘伶的妻子挖开坟墓，打开棺材一看，躺着的刘伶穿戴整齐，面色红润，和从前的模样一样。杜康上前拍拍他的肩膀，叫道："刘伶醒来，醒来！"刘伶打了个哈欠，伸伸胳膊，睁开眼来，嘴里连声叫道："杜康好酒，杜康好酒！"

据说，自从刘伶喝了杜康的酒、一醉三年之后，刘伶也成了酒仙，可他自己还不知道，仍时常与"竹林七贤"中的其他酒友一起，在河南等地纵饮清谈。

如今，在河南省修武县境内，仍有刘伶等七人饮酒处的遗迹。据《修武县志》记载，"竹林七贤"活动的地区，是在修武县城东北50里太行山之天门谷百家岩一带。明代李濂在《百家岩记》中，曾谈到刘伶醒酒的石台："蓦佛殿之西有石如砥，可坐可饮，面对漾布泉，如千丈珠帘，喷冰洒雪，凉气飒飒，侵入肌骨者，刘伶醒酒台也。”清代教谕田发也写过一首《醒酒台》诗：

翠壁丹崖天半开，
七贤曾此共徘徊；
当年酩酊堪遗世，
何事仍留醒酒台？

“酩酊”二字，描绘出了当年“竹林七贤”，尤其是刘伶开怀畅饮后的醉态，使人们对这位善饮的酒仙留下了更为深刻的印象。

阮籍沉醉不拘礼

南朝宋文学家颜延之，喜饮酒，好作诗，曾托古抒怀，作《五君咏》五首，咏阮籍、嵇康等文坛名士。被列为《五君咏》第一篇的《阮步兵》写道：

阮公虽沦迹，识密鉴亦洞。
沉醉似埋照，寓词类托讽。
长啸若怀人，越礼自惊众。
物故不可论，途穷能无恸。

这首诗的大意是说，阮公虽然言晦其踪迹，但是观察识别洞深，有才识而敛藏于沉醉，仕乱朝而躲祸于隐避，放声长啸，不拘礼节，不论世事，穷途痛哭。颜延之的诗句，勾勒出了阮籍的怪诞形象。

阮籍是三国时期魏国的著名诗人，字嗣宗，曾为饮酒方便担任步兵校尉，世称“阮步兵”。他与嵇康、山涛、向秀、刘伶、阮咸、王戎交游甚密，被称为“竹林七贤”。他生于政局险恶之时，感时伤乱，便纵酒谈玄，留下许多趣事。

据《晋书·阮籍传》记载：“籍容貌瑰杰，志气宏放，傲然独得，任性不羁，而喜怒不形于色。或闭户视书，累月不出；或登临山水，经日忘归。博览群籍，尤好《庄老》。嗜酒能啸，善弹琴。当其得意，忽忘形骸。时人多谓之痴。”阮籍时常借酒抒发胸中郁愤。当时有人评论说：“阮籍胸中垒块，故须酒浇之。”“垒块”比喻胸中郁积的不平之气。酒浇垒块，就是俗称的“借酒浇愁”。

《晋书》载，阮籍连醉过六十天。一次，文帝拟与阮籍商谈为武帝司马炎求婚的事。谁知阮籍自有妙法——酣饮。他天天一醉方休，竟连续醉了两个月，做媒者均“不得言而止”，只好罢休。此外，对付司马氏集团的骨干钟会，阮籍也采用了同一办法。钟会几次想罗织罪名加害于阮籍，阮籍都因“酣醉”而获免。

“酣饮为常”的阮籍，有时也为了能喝到美酒而任职。一次，他听说步兵营厨房里的人善于酿酒，并储存有好酒三百斛，便主动要求当了步兵校尉。在任职期间，阮籍与“竹林七贤”之一的刘伶酣饮，不问他事。当饮完那些存酒后，他便离职不干了。

阮籍的“不拘礼教”，也常在饮酒方面体现出来。他曾为自己的行为辩解说：“礼岂为我辈设也！”

如阮籍的邻居有一少妇，长得很美，开了个酒店当垆卖酒；阮籍常去饮酒，喝醉后，便倒在少妇身旁酣然入睡。开始，少妇的丈夫有些怀疑，可是经过观察，觉得阮籍并无恶意，便不再把这件事放在心上。

再如，阮籍的母亲去世后，他竟两番饮酒二斗，举声一号，吐血数升。别人前来吊丧时，发现阮籍“散发箕踞，醉而直视”，用“白眼”来对待。白眼，就是眼珠向上或向旁边看，用以表示轻视或憎恶。当一个名叫嵇喜的人前来吊丧时，阮籍报以白眼，结果嵇喜怨恨愤怒地离去。嵇喜的弟弟嵇康听到此事后，便携酒并挟琴前往。阮籍则视嵇康为知音，以“青眼”相待。

青眼，就是眼睛正视，眼珠在中间，现出青色，用以表示对人的友善或喜爱。后来，人们便引用此典，常把对人的重视称为“垂青”“青眼”或“青睐”，而把对人的轻视称为“白眼”。

阮籍不仅常用“青白眼”来表示他的喜怒，有时也毫不掩饰地用言行来表示他对别人的好恶。如“竹林七贤”之一的王戎，年轻时曾拜访阮籍。当时有个名叫刘公荣的客人也在座，而阮籍一向讨厌刘。正好王戎进来，阮籍大喜，忙拉过王戎说：“我最近得到二斗美酒，正要与你畅饮，但那个刘公荣不得参加。”言下之意，想让刘公荣离开。但刘仍坐在旁边，看着两人“交觞酬酢，公荣遂不得一杯”。过后，有人说阮籍做得太过分，认为给刘公荣喝一杯酒有何不可，阮籍却回答说：“品行才能超过刘公荣的人，不得不给他喝酒；品行才能不如刘公荣的人，不可不给他喝酒；只有刘公荣，就是不给他喝酒！”

对于阮籍的品行，世人自然评论不一。据孙盛《晋阳秋》载，有人曾在司马昭面前讲阮籍任性放荡，败礼伤教，应将其放逐海外，以正教化。因阮籍并没有露骨地反对司马氏，而且名声大，司马昭便宽容了他。“竹林七贤”的领袖嵇康在《与山巨源绝交书》中则评价说，阮嗣宗不谈论他人的过错，纯真的天性超过一般人，只是饮酒过量。

阮籍的喝酒过度和放浪形骸，显然对其子弟产生了一定的影响，在阮氏家族中，还出现了不少嗜饮狂放者。

阮籍的侄子阮咸，也是“竹林七贤”之一，与阮籍并称为“大小阮”，他在纵酒放荡方面也很有名。此人精通音乐，善弹琵琶，经常与亲友一起弦歌酣宴。据《世说新语》记载，一次与诸阮聚饮，他嫌小杯喝酒不过瘾，便用大盆盛酒，以圆圈围坐，大口畅饮，恰好当时有一群猪也跑来凑热闹，阮咸便与猪凑在一起，共同就着盆子喝起酒来。

据《晋书》记载，阮咸的儿子阮孚，也是疏放好酒之徒。当元帝司马睿任命他为安东参军时，他常常蓬乱着头发饮酒，对公务漫不经心。当转任丞相从事中郎时，仍然整天酣饮放纵。阮孚当了长史后，元帝曾亲自出面告诫他说："你公务在身，事务繁多，应该节制饮酒才好。"但他依旧我行我素。后来，他竟然把饰有貂尾的帽子拿去换酒喝，留下了"金貂换酒"的典故。

阮籍从子阮修，常以百钱挂在杖头，独自步行，前往酒店开怀畅饮。后人因此而称买酒钱为"杖头百钱""杖头钱""杖钱"，或为"挂杖钱""杖百钱"等，并用以形容豪饮者潇洒不拘的举止。

阮籍家族中有这样多的人嗜酒，难怪《世说新语》写出了"诸阮皆能饮酒"的评语。

陶潜嗜酒五子愚

陶潜，即陶渊明，东晋杰出诗人。他少有高趣，家贫好学，才华横溢，为后世留下了许多脍炙人口的诗歌、散文和辞赋。遗憾的是，他的五个儿子都十分愚笨。

陶渊明的五个儿子，依次取名为舒、宣、雍、端、通。原来，他一心盼望五个儿子都能成才，能像自己少壮时那样具有雄心壮志。陶渊明在五十岁时，曾写过《杂诗八首》，其中第五首记述了他少壮时的情怀：

忆我少壮时，无乐自欣豫。
猛志逸四海，骞翮思远翥。

陶渊明是多么希望自己的儿子也像自己一样，“猛志逸四海，骞翮思远翥”，展翅高飞，前程远大。然而，现实竟使他大失所望。为此，他怀着悲愤的心情，写了一首《责子》诗：

白发被两鬓，肌肤不复实。
虽有五男儿，总不好纸笔。
阿舒已二八，懒惰故无匹。

阿宣行志学，而不爱文术。
雍端年十三，不识六与七。
通子垂九龄，但觅梨与栗。
天运苟如此，且进杯中物。

陶渊明一边责骂儿子不争气，一边表示要“且进杯中物”，以酒浇愁。殊不知，儿子不成才，正是他长期嗜酒所造成的。

陶渊明一生酷爱饮酒。年青时期，他曾当过江州祭酒、镇军参军、彭泽令。据《晋书·陶渊明传》记载，他在任彭泽县令时，郡遣督邮来到县里，官吏让他束带见之，他说：“吾不能为五斗米折腰，拳拳事乡里小人邪。”即日解印绶，辞去官职归回故里隐居。陶渊明归田之后，过着农耕的生活，然而，他不以清贫的生活为苦，反而借读书、饮酒自得其乐。

由于家贫，常不能备酒，因此，他常常难以实现“陶一觞”的心愿。有时，只得求助于别人。从他写的《乞食》诗里，可以得知其所经历过的艰难生活和与人家喝酒的情形：

饥来驱我去，不知竟何之！
行行至斯里，叩门拙言辞。
主人解余意，遗赠岂虚来？
谈谐终日夕，觞至辄倾杯；
情欣新知欢，言咏遂赋诗。
感子漂母惠，愧我非韩才；
衔戢知何谢，冥报以相贻。

从诗中可以看出，陶渊明在饥饿的驱使下，不知到何处去，来到这个村落，叩开门却说不出话来。不过，主人没有让他白来，而是送给他东西，还留他喝酒。主客意气相投，喝了一整天，而且是每劝必饮。陶渊明喝得十分痛快，表示要像韩信报答漂母一样，将来一定要报答主人。

亲友们知道陶渊明爱喝酒，常赠送给他酒，或者邀请他去喝酒，他也欣然前往而不拒绝。

据南朝宋檀道鸾《续晋阳秋》记载，有一年九月九日过重阳节，陶渊明住宅的东篱下虽然菊花丛生，然而无酒助兴，正在苦苦久坐怅望，只见一个穿着白衣的官府给役小吏带着酒到来。一问，知是江州刺史王弘派人来送酒，陶渊明大喜过望，就在花前开怀畅饮，大醉方止。后来，人们遂用“白衣送酒”来比喻得到渴望的东西。

陶渊明穷困之极时尚且喝酒，有钱时更是饮酒不断。他的好友颜延之，好读书，好饮酒，行为放达，任安郡太守时，每经过浔阳都要与陶渊明酣饮至醉。颜延之临走时留下两万银钱周济陶渊明，而陶渊明却把这批银钱“悉遣送酒家，稍就取酒。”

陶渊明在他撰写的《饮酒二十首》序言中说：“余闲居寡欢，兼比夜已长，偶有名酒，无夕不饮。顾影独尽，忽焉复醉。既醉之后，辄题数句自娱，纸墨遂多。辞无诠次，聊命故人书之，以为欢笑尔。”陶渊明醉后不仅作诗，还喜欢抚琴。据《昭明太子集·陶渊明传》记载，陶渊明虽“不解音律”，却置“无弦琴”一把，每逢酒酣意适之时，便“抚琴以寄其意”。

有人认为，酒也是陶渊明的一种寄托。如萧统《陶渊明集序》中就讲道：“有疑陶渊明诗篇篇有酒。吾观其意不在酒，亦寄酒为迹焉。”

陶渊明的五个儿子生性愚笨，显然与他长期饮酒有关。凡历史上嗜酒的文人，其子女的智力大都平庸低下。陶渊明便是其中的一例。从遗传学的观点来说，父母大量酗酒，可能都影响后代的智力发育。酒的主要成分是乙醇，摄入过量便会损伤身体。元代忽思慧在《饮膳正要》中指出："少饮为佳，多饮伤神损寿，易人本性，其毒甚也。饮酒过多，丧生之源。"长期或大量饮酒，不仅易使本人产生肝硬化、消化道病变、高血压、胰腺炎和智力障碍等疾病，而且对下一代（胎儿）的健康也极为有害。科学已证明，即使少量酒精，也会使基因染色体发生异常。经常饮酒的孕妇，其胎儿"酒精综合征"发生率为30%，出生后表现为发育迟缓，面貌特殊，头小，眼睛小，心脏畸形等。

当然，陶渊明毕竟是1600多年前的历史人物，若按今天的观点苛求他去掌握医学和遗传学知识，未免失之偏颇。不过，陶渊明到了晚年时，似乎有所醒悟。他觉得孩子平庸愚笨，与自己的嗜酒有关，便无可奈何地发出了"盖缘于杯中物所贻害"的叹息。

当今嗜酒成癖者，应当从陶渊明的经历中吸取这点教训：为了优生，为了后代聪明，也为了自己的健康，还是少饮一点酒为好。

酒苑笑料集锦谈

有关饮酒的笑话，古籍中多有记载，民间也广为流传。尤其是那些充满幽默、诙谐、讥讽的笑话，更为人们所津津乐道。

如有一类笑话是讲有理难劝嗜酒人。笑话表明，要想说服那些已经钻入牛角尖的嗜酒者，是很困难的。因为，他们总会找出各种各样的理由和借口，来为自己的纵饮行为辩解。

明代赵南星所撰《笑赞》中，讲了一个“好酒者”晴、雨都不肯离开酒店的故事。有一回，酒鬼某甲到酒家去喝酒，喝了老半天，还不肯起身。仆人催他回家，说：“天阴了下来，快要下雨了，赶快走吧。”某甲却杯不离手地说：“下起雨来，躲都来不及，还走什么？”果然，下起了雨。雨过天晴后，仆人又催他走，说：“雨停了。”某甲却斟酒更勤了，一边喝一边讲：“雨停了，还怕什么？干杯！”

有些嗜酒者在某种情况下也可以发出“誓言”，不过，他们有自己的“条件”。在清代小石道人所辑《嘻谈续录》中，有一则“酒誓”的笑话。某甲嗜酒如命，整天杯不离手，在醉乡中过日子。朋友们都极力劝他戒酒。他附和着说：“我本来早就下决心戒酒，只是因为儿子出门未归，时时盼望，姑且以酒消愁；等儿子回来，我一定戒酒。”他还高声发誓说：“儿子归来，我如不戒酒，便叫大酒缸把我压死，小酒杯把我噎死；跌在酒池里泡死，掉在酒海里淹死……在酒泉下，永世不得翻身！”朋友们急切地问：“你儿子究竟到哪里去了？”某甲回答道：“杏花村里，给我买酒去了！”

冯梦龙在《古今谭概》中，记叙过一个“陈公戒酒”故事，说的是南京人陈公镐很喜欢喝酒。当他调到山东担任负责视察、监督学校工作的官吏后，父亲担心他贪酒误事，便写信告诫他戒酒。陈公镐接到父亲的信后，就让工匠制作了一个可容酒二斤的大碗，还在碗内镌刻了八个大字：父命戒酒，止饮三杯。被传为笑谈。

嗜酒成性者是很难听进别人的劝告的。据《晋书·孔愉传》记载，孔愉的从弟孔群，性嗜酒。王导曾经告诫他说：“你经常饮酒，不见酒家覆盖酒瓮的布，时间一长，就糜烂了么？”孔群却反驳说：“公不见肉经过酒的糟淹，就更经得起存放了么？”依然滥饮不止。他还在给亲友的信中说：“今年的田地收得七百石米，还不够用来酿酒。”可见，孔群对酒沉湎到何等地步。

还有的酒徒，在别人家喝酒时久饮不去，被称作“顽客”。在明代江盈科所撰《雪涛谐史》中，就有一则描写“顽客”的笑话。一顽客到别人家喝酒，与众来客同席。当酒喝得痛快尽兴时，他瞥了大家一眼说：“凡是路远的，只管先回家。”众客人纷纷告辞，最后只剩主客两人。顽客又说：“凡是路远的先回去。”主人说：“只有我一个人在这里了。”顽客竟然说：“你赶快回房里去吧，我就在席上和衣而睡。”

上述例子，颇能说明一些嗜酒者的思维方式。在他们看来，不管怎么说，总是喝酒有理。

再如，有一类笑话是讲相互为酒斗心计。有一则“空瓶出酒”的笑话讲，吝啬的主人让仆人去买酒，却连一文钱也不给。仆人十分疑惑地问道："老爷，没有钱怎么能买酒呢？"主人竟十分生气地说："花钱买酒谁不会？不用钱就可以买到酒，那才算有本事呢！"仆人只得拿着瓶子走了出去。转眼间，又拿着空瓶子回来说："酒买来了，请美美地喝上两盅吧！"主人接过去一看，是个空瓶，便大发雷霆地骂道："岂有此理，这酒瓶空空的，叫我喝什么？"仆人却不慌不忙地笑着答道："瓶里有酒谁不会喝？要是能够从空瓶子里喝出酒来，那才叫有本事呢！"

清代小石道人所辑《嘻谈录》中，有一则"偷酒夸饰"的故事，也十分可笑。有一位先生很喜欢喝酒。由于他过去雇请的馆童爱偷酒，因此，他不敢再轻易用人。先生心想：一定要用一个不会吃酒的，才不偷酒；而只有不认得酒的，才会真不吃，也不会偷。一天，友人推荐的一个仆人来到。先生拿出黄酒问他："这是什么？"仆人讲是"陈绍"，即陈放多年的绍兴酒。先生说："连酒的别名都知道，岂止是会饮。"便遣送而去。接着，又推荐来一个仆人。先生像第一次那样，拿出黄酒询问，仆人回答说是"花雕"，即以彩坛贮盛的上等黄酒。先生说："连酒中的佳品都知道，绝不会是不饮酒的人。"又遣送走了。后来，又推荐来一个仆人。先生拿出黄酒让他看，他不认识；拿出烧酒让他看，他也不认识。先生大喜，认为他不吃酒是无疑的了，才雇用了他。有一天，先生要离家去办点事，便特地吩咐仆人道："你要好好看管家里的东西；挂着的火腿，养着的肥鸡，都要小心看守；屋子里有两个瓶子，一个装着白砒霜，一个装着红砒霜，更千万别动，要是不慎吃了，定会肠胃崩裂，立刻身亡！"如此这般，一连说了几遍，他才放心地出门而去。

不料，先生走后，仆人马上动手杀鸡，切火腿，又蒸又煮，忙个不亦乐乎。肉煮好后，他又打开红白两瓶好酒，痛痛快快地大吃大喝起来。不一会儿，便酩酊大醉，倒地不起。先生回来，推门一看，只见仆人躺卧在地，酒气熏人，又见肥鸡、火腿无踪无影，不禁怒火冲天。他踢醒了仆人，再三追问，仆人迷迷糊糊地哭着说："主人离家后，小人在馆内小心看守。忽然来了一只猫，将火腿叼走；又窜进来一条狗，把鸡撵去。我看丢失了主人两件心爱的东西，痛不欲生！想起那两瓶要命的红白砒霜，我便先把白砒霜喝进肚里，谁知肠胃一点事也没有，就只得又把红砒霜喝光，但还是没有死。现在，我头昏脑胀，半死不活，正在这里等死哩！"

又如，有一类笑话是讲不顾廉耻骗酒喝。其中，既有为喝酒而装聋作哑、伸手行乞的，也有丧失人格、厚颜撞骗的。《笑倒》中，就讲到两个蒙骗的酒鬼。酒鬼甲偶然路过一个人家，看到门上挂着有丧事的标记，便高兴地自言自语："有妙计了！"于是，他进入门内，对着灵堂大哭起来。在场众人都不认识他，忙上前询问。他解释说："过世的老汉和我的关系十分密切，几个月没有见面，不料发生这种变故，刚才过门时才知道这一消息，所以没有来得及准备祭品，先进来哭他一场，以表达我的心情啊！"死者的家人为他的情分所感动，便留下他款待一番。酒徒甲喝酒吃菜、饱享口福后告辞而去。酒徒乙得知酒徒甲哭丧喝酒的经过后，便步其后尘，在第二天也去另一个办丧事的人家痛哭。办丧事的全家人均上前问他为什么要这样，酒徒乙装出很悲哀的样子说："死者和我最相好！"谁知他的话还没有说完，许多人的拳头已打到了他的脸上。原来，人家家里去世的，是一个年轻的妇女。

还有一些传统智愚人物的笑话，也令人忍俊不禁。汉代的东方朔，是机智人物中的代表。他博学多才，滑稽善辩，很受汉武帝的赏识。但此人嗜酒如命，行为随便。《古今谭概》记载了一则东方朔偷喝御酒的趣事：有人献给汉武帝“不死之酒”，据说饮后可以长生不死，东方朔竟偷偷地把酒喝掉了。汉武帝为此大怒，要杀东方朔。东方朔却巧言辩解说：“我所喝的，是不死之酒。杀我，我也不死；我死，这酒也就不灵验了。”汉武帝哭笑不得，只好作罢。

传统愚蠢人物中，迂公恐怕是比较典型的一个。一次，迂公设宴请客。他多喝了几杯酒，迷迷糊糊地靠着桌子熟睡起来。等睡醒之后，以为已经过了一夜，便很惊讶地瞪着客人问：“今天没有请你，你怎么又到我这里来了？”还有一次，迂公喝得醉醺醺的，在路过鲁参政的大院宅时，对着大门呕吐起来。看门人训斥他说：“什么地方的酒鬼来这里发狂，向着人家门户泄泻！”迂公斜着眼回答说：“其实是你的门口不应该对着我的嘴！”看门人忍不住笑起来，分辩说：“我家门户早陈旧了，怎么能是今天造出来而对着你的口呢？”迂公用手指着自己的嘴巴说：“老子这张嘴，也有好多年了！”

酒有别肠饮量洪

清代吴任臣的《十国春秋·闽三·景宗本纪》记载，一个名叫维岳的大臣，虽然身材很矮小，但酒量很大。当帝（王曦）问“小个子维岳怎么能喝那样多酒”时，左右的人回答说：“酒有别肠，不必长大。”意思是说，酒量的大小不以身材为准，而以肚子的容量来定。

说“酒有别肠”，从生理学的角度来看，显然是站不住脚。但从实际生活中来看，有些嗜酒者确实饮量洪大，又容易使人们感到他们有些特殊。清代学者纪昀《阅微草堂笔记》中，就有这样的感叹：“酒有别肠，信然。”

纪昀之所以要这样评论，是因为在他几十年的生活中，所见所闻的事例很多。他所列举的前辈顾侠君、缪文子能喝酒，是听来的；亲眼见到的善饮者，有孙端仁、陈句山，还有路晋清和吴云岩，都是在喝酒方面“称第一”，或“骎骎争胜”的人物。又有采竹君学士、周稚圭观察，“皆以酒自雄”。此外，还谈到“后辈则以葛临溪为第一”。葛临溪这个人的特点是，不给他酒喝，自己从不呼要一杯；一旦给他酒喝，即使用盆盎盛上，也面无难色，“长鲸一吸，涓滴不遗”。葛临溪曾经与五六个人一起在纪昀家饮酒，席间比赛酒量，几人互不服输。一直比到接近黎明时分，其余人都酩酊大醉，唯独葛临溪神态自若，仿佛没有饮酒一样。他吩咐童仆，把喝醉的人扶到床上，然后从容坐进车子回家而去。

据文献记载，历史上有许多人的酒量，比纪昀谈到的善饮者的酒量还要大。

据《晋书》记载，“竹林七贤”之一的山涛，饮酒至八斗方醉；皇甫真、冯跋饮酒至石余不乱。

据《宋史》记载，金州观察使钱俨，善于饮酒，百卮不醉。当他居住在外郡时，常为没有对手而遗憾。

据《道山清话》记载，李公泽每次饮酒，喝到一百杯就停止了，然后会见宾客，或者挥笔回信，既没有酒后难受的表现，也没有疲倦的样子。

据《续鸡肋》记载，汉代廷尉于定国饮酒至数石不乱；东汉卢植、晋代周刯、后魏刘藻、北朝宋柳謇之，均能饮酒一石不乱；陈后主与子弟日饮一石。

据《茶余客话》记载，江左酒人推顾侠君（嗣立）为第一。他年轻时居住在秀野园，结成一个酒社。家里备有三个大酒器，每个可以容纳三十斛酒。凡是想入社的人，必须喝尽三个酒器的酒，然后才能入座。他把这个规定写在大门上。酒徒们看见后，都悄悄地走了。也有些酒徒鼓起勇气上前，但几杯酒下肚便败下阵来。在京师的时候，他们与同期的酒人在一起聚会，比赛酒量，从来没有碰到过对手。

在《古今谭概》中，讲到一个体格魁伟的人叫曾公棨，善于豪饮，别人都摸不清他的酒量。英国公张辅想试试他到底能喝多少，便想了一条妙计：偷偷地让人围着自己的肚子制作了一个容器，然后邀请曾公棨来喝酒，但将自己杯子里的酒都偷偷地灌进了容器。两个人整整喝了一天，主人容器里的酒已经溢了出来，又借机倒进了别的大瓮里。接着，又喝到容器满溢，曾公棨却依旧神色不变，频频举杯。

直喝到半夜，主人安排车辆送客，并交代手下人小心服侍，说曾公棨必然喝醉了。而曾公棨被送回家后，急忙呼唤家人摆酒，慰劳车夫。他自己也取出大杯，又开怀畅饮起来，直到车夫都喝醉倒下，他才上床睡觉。

还有些善饮者的洪大酒量，是用“缸”来计算的。据《七修》记载，明孝宗时，西陵侯善饮酒，名声很大。有人告诉说，武人可以与西陵侯较量。于是，招来武人与西陵侯一起饮酒。这时，正值初冬，新酿的酒方熟，共有两缸。两人相对而坐，共饮了一缸。这一缸喝尽时，西陵侯已经醉得不省人事了，武人却畅怀自酌，竟然把另外一缸酒也喝了个精光。

古籍中的这些事例，很可能含有夸张的成分，何况在盛酒器具的计量标准上也不尽一致，但足以令人加深对“酒有别肠”的理解。

除了“酒有别肠”的评说外，古人还给善饮者取了种种美称或绰号；也有的是善饮者自取雅号。现仅举以下二十五例：

1. 酒圣

谓豪饮之人。唐代大诗人李白《月下独酌》有云：“所以知酒圣，酒酣心自开。”宋代黄庭坚《和舍弟中秋月》诗中，有“少年气与节物竞，诗豪酒圣难争锋”之句。

2. 酒神

嗜饮成性者被称为“酒神”。据后唐冯贽《云仙散录》载：“《醉录》曰：酒席之上，九吐而不减其量者为酒神。”

3. 酒仙

这是对嗜酒者的美称。唐代杜甫《饮中八仙歌》中，有赞李白为“自称臣是酒中仙”之句。

宋代欧阳修《归田录》中，讲刘潜、石曼卿为酒仙：“有刘潜者，亦志义之士也，常与曼卿为酒敌。闻京师沙行王氏新开酒楼，遂往造焉，对饮终日，不交一言。……至夕无酒色，相揖而去。明日都下喧传：王氏酒楼有二酒仙来饮，久之乃知刘、石也。”

据《辽史·耶律和尚传》记载，和尚高雅而有美好的德行，几次拿出钱财资助亲友，人们都很尊重他。然而，他嗜酒不理事。有人劝他，他却回答说：“吾非不知，顾人生如风灯石火，不饮将何为？”晚年，他在这一观点的支配下，更加沉溺于酒，人称之为“酒仙”。

另据清代王晫《今世说》记载，有一个名叫卢西宁的少年，有异常秉性。他自从断乳后，不食它物，昼夜饮酒三五升，一吸辄尽，家人谓之“酒仙”。

4. 酒魔

用以指嗜酒成癖的人。唐代白居易《斋戒》诗中，有“酒魔降伏终须尽，诗债填还亦欲平”之句。

5. 酒龙

谓豪饮之人。唐代陆龟蒙《自遣诗》云：“思量北海徐刘辈，枉向人间号酒龙。”北海，即孔融；徐，即徐邈；刘，即刘伶。三人皆以豪饮著名。

6. 酒狂

饮酒使气者被称为酒狂。据《坚瓠集》记载，唐代许碏登楼饮酒，题诗于壁曰：

阆苑花前是醉乡，
误翻王母九霞觞。
群仙拍手嫌轻薄。
谪向人间作酒狂。

另据《汉书·盖宽饶传》记载，司隶校尉盖宽饶曾在一次赴酒宴时讲道：“无多酌我，我乃酒狂。”

7. 酒徒

人们称嗜酒者为酒徒。据《史记·郦生陆贾列传》载，郦生去见刘邦时，向其部下大声宣称：“走！复入言沛公，吾高阳酒徒也，非儒人也。”

又例如，唐代元结《石鱼湖上醉歌》诗云：“山为樽，水为沼，酒徒历历坐洲岛。”

另据《独异志》记载，有一个名叫时苗的人，当他去拜见蒋济时，蒋济因大醉，不见他。时苗回去后便雕刻了一个木头人，木头人上书写了“酒徒蒋济”几个字，竟用弓箭射击之。

8. 酒人

谓好酒之人。如《史记·刺客列传》中谈道：“荆轲虽游于酒人乎，然其为人沈深好书。”

9. 酒鬼

据《喻世明言》描述，唐代文人马周嗜酒如命。他日常饭食，有一顿，没一顿，都不计较，但就是少不得杯中之物。如果自己没有钱买酒时，打听得邻居家有酒，便去噇（chuáng）吃，而且是大模大样，很不拘谨，喝了酒后又要狂言乱叫，大发酒疯，骂骂咧咧。因此三邻四舍被他聒噪得不耐烦，没有一个不讨厌他，背后唤他为“穷马周”，又唤他为“酒鬼”。

10. 醉圣

据《开元天宝遗事》记载，唐代诗人李白嗜酒，不拘小节。然而沉酣中所撰文章，未尝错误，而与不醉之人相对，议事皆不出太白所见，当时人们号为“醉圣”。

11. 醉龙

据《龙城录》记载，汉代蔡邕饮酒至一石，常醉卧在大路上，人们称他为“醉龙”。

12. 醉虎

据明代朱国桢《涌幢小品》记载，晋代谢玄能饮酒一石，人们称其为“醉虎”。

13. 醉尹

据窦苹《酒谱》记载，乐天（白居易）在河南，自称为“醉尹”。

14. 醉侯

谓好酒而量大之人。唐代皮日休《夏景冲澹偶然作二首》诗中，有“他年谒帝言何事，请赠刘伶作醉侯”之句。

又据《宋史·隐逸传》记载，种放隐居于终南豹林谷之东明峰，曾种秫自酿，常说“空山清寂，聊以养和”，因而自号为“云溪醉侯”，“幅巾短褐，负琴携壶，溯长溪，坐磐石，采山药以助饮，往往终日”。

15. 醉翁

唐代郑谷《倦客》诗中，有“闲烹芦笋炊菰米，曾向源乡作醉翁”之句。

又例如，宋代欧阳修任滁州太守时，自号为“醉翁”，并有名作《醉翁亭记》流传后世。

16. 醉羌

这是晋代嗜酒羌人的绰号。据《拾遗记》载，晋武帝时，有一羌人，姓姚名馥，字世芬，充厩养马，年九十八，好读书，嗜酒，每醉，历月不醒。于醉时好言帝王兴亡之事，善戏笑，滑稽无穷。常叹云：“九河之水不足以渍曲蘖，八薮之木不足以作薪蒸，七泽之麋不足以充庖俎。凡人禀天地之精灵，不知饮酒者，动肉含气耳，何必木于心识乎？”周围的人常戏耍他，称呼他为“渴羌”，或“醉羌”。

17. 醉汉

据《开元天宝遗事》记载，唐代李林甫每当与同僚议及公直之事，则如痴醉之人，未尝回答。或语及阿狗之事，则响应如流。因此张曲江常告诉众宾客们说：“李林甫议事如醉汉脑语也，不足可用。”

18. 醉朋

谓酒徒为醉朋。《法苑珠林》《酒肉述意》有云：“夫酒为放逸之门，大圣知其苦本，所以远酣肆，离酒缘，弃醉朋，近法友，出昏门，入醒境。”

19. 醉士

据窦苹《酒谱》记载：“皮日休称醉士。”

20. 醉客

谓酒醉之人。《后汉书·吴祐传》中，有“又安丘男子毋丘长与母俱行市，道遇醉客辱其母”的记载。

21. 瓮精

据《清异录》记载：“螺川人何画，薄有文艺，……尤善酒，人以‘瓮精’诮之”。

22. 酿王

据《河东记》记载，唐代汝阳王李琎嗜酒无度，自称“酿王”兼“曲部尚书”。

23. 睡王

据《新五代史·四夷附录》记载，述律登位后，号“天顺皇帝”，好饮酒，不恤国事。每当酣饮时，自夜至昼，白天则常常睡大觉，国人称他为“睡王”。

24. 逍遥公

据《周书·韦敻传》记载，韦敻崇尚夷简，淡泊于荣利，朝廷召他出去做官达十次，他都不愿意干。当时有人慕其闲素，有人带着酒来随从他，他接待对饮不知疲倦。明帝即位后，对他的礼敬更厚，敕令有关部门每天送河东酒一斗。因他沉醉于饮酒的悠闲生活中，人们称其名号为“逍遥公”。

25. 上顿时人

据胡山源《古今酒事》转录《宋明奇文志》记载，宋人王忱沉湎于酒，有时一连几日不醒，自号“上顿时人”，意思是“以大饮为上”。

饮酒万象有别样

世上饮酒的名目非常繁多。常见的有喜庆酒、团圆酒、饯行酒、接风酒、寿诞酒、乔迁酒……形形色色，不胜枚举。此外，还有些不同寻常的名目，别有趣味。现选择七例介绍如下：

1.朝宴酒

这是由皇家组织的一类高规格的特殊大型酒宴。

如清代皇帝赐宴群臣的大型宴会，参加的官员达千人以上，故名“千叟宴”。乾隆时举行的两次千叟宴，除皇帝面前的御席外，共有八百桌之多。按官职等级分为两等酒席。

再如，元世祖忽必烈在宫殿中举行大朝宴时，其仪式是很讲究的。意大利旅行家马可·波罗在他的游记第二卷中，对这种朝宴的座次、程序、规格做了较为详细的描述。其中，饮酒形式更显示出了大汗显赫的权威。

当大汗举行大朝宴时，所有的人都按照自己的品级，坐在自己的指定席位上。在大殿的中央，即大汗的御案前面，有一个金碧辉煌的方形匣子，匣内装着一个巨大的纯金制造的瓶状容器，还放着酒杯和酒壶等漂亮的器皿。这种容器装满酒，足够8—10个人饮用。凡有座位的人，每两人的桌面摆着一个酒壶，并配有一个金属制的勺子，形状很像带柄的酒杯，还有金银器具。倒入酒后，要把酒杯高举过头。

妇女和男子一样，也必须遵守这种仪式。

在皇帝左右伺候和办理饮食的许多人，都必须用美丽的面纱和绸巾，遮住鼻子和嘴，防止呼出的气息触及他的食物。当他传呼饮酒时，侍者在奉上酒后，后退三步跪下，朝臣和所有在场的人都同样匍匐在地上。同时，一个庞大的乐队鼓乐齐鸣，直到陛下饮完后才停止奏乐，于是，所有的人才从地上起身，恢复原来的姿势。只要皇帝每饮酒一次，这样的敬礼就必须重复一次。

2. 蓝尾酒

据《石林诗话》称，在酒桌上饮酒轮到末座者连饮三盅为蓝尾。意思是末座远，酒行到常迟，故连饮以慰之。唐人言蓝尾，蓝字多作“啉”，以“啉”为贪婪之意，因此蓝尾酒也被称作“婪尾酒”。《七修类稿》则认为：“蓝，淀也。《说文》云：淀，滓垽（yìn）也。”即为浑浊之意，说蓝尾酒乃酒之浊脚，如尽壶酒之类，故有尾字之义。诗人对蓝尾酒的吟咏以白居易最为著名。白居易《元日对酒》诗云：“三杯蓝尾酒，一楪胶牙饧。”在《岁日家宴》中，又有“岁岁后推蓝尾酒，春盘先动胶牙饧”之句。

3. 响炮酒

两广人把“响炮酒”叫作“炒鱿鱼”，是指古时商店老板辞退伙计所采用的一种宴请方式。喝这种酒的人，真可以用宋代词人范仲淹所作《御街行》的句子来表述：“愁肠已断无由醉，酒未到、先成泪。”在《昔时贤文》中，有“不信但看筵中酒，杯杯先劝有钱人”的句子。但这句在古时老于世故的话，也不能以一概千。如吃响炮酒，“杯杯先劝”的就不是“有钱人”，而是决定辞退的伙计。

这种酒席安排在一年终了，一般是在新年正月初五或初十。老板指定谁坐某一个位置，就是指新年中要辞退谁。如果只辞退一个人，便照例请这个人坐首席，而对其他的人说："大家请便吧，四方为大的。"祝酒词和席间谈话的内容也很别致。照例酒过三杯后，老板就半吞半吐地向首席说出去年的生意如何如何亏损，他如何如何承大家帮忙，心中十分感激，但现在没得法子，只好暂时减少几个人，由自己来站柜台，以后他就祝大家另谋高就。响炮酒宴上，充满了尴尬、失望的气氛。尤其是坐首席的伙计，泪水只往肚子里流。

4. 离婚酒

居住在我国云南省的拉祜族，有一种风俗：结婚不须办酒席。结婚这天，先由一位德高望重的老年人向新婚夫妻祝福。新郎新娘同饮一碗清水。清水表示纯洁，其寓意夫妻一心，白头偕老。最后将新郎新娘用彩线或彩带拴在一起，表示夫妻永远生活在一起。随后，打扮得漂漂亮亮的姑娘和小伙子们，伴着新郎、新娘，围着火塘载歌载舞，祝福新婚夫妇终生相爱。结婚仪式上用来招待客人的不过是一些自家的土产，如旱烟、烤茶、松子、栗果之类，从不讲究排场。结婚后，夫妻关系牢固，很少离婚。如果离婚，会受到舆论的谴责，而且提出离婚的一方，要杀猪宰牛备办丰盛的酒席，请全寨的人吃喝一顿。这种带有"惩罚"性质的习俗，目的在于告诫年轻人，在选择对象时要慎重考虑，一旦结婚，就应该做到终生相爱。同时，离婚酒宴也有要求双方今后不要互相结怨的意思。

据报载，在美国的洛杉矶也盛行离婚办酒席，但其用意却大不相同。那里的离婚率与其他城乡相比，名列前茅，而且流行着一种荒诞的理论："结婚是误解，离婚才是了解的开始。"于是，为庆贺"了解的开始"，人们便大兴"离婚喜宴"。这种离婚喜宴与结婚庆宴相比，可谓反其道而行之。在离婚喜宴上，除了摆设酒菜外，从服装到屋子装饰，绝大多数是黑色的，连蛋糕也是用接近黑色的奶油制作的。在饮酒过程中，有时当事人会搬出当初度蜜月时拍的影片当场放映，不过放的方法也反常，是倒过来放的。酒宴办到兴致将尽时，便人走席散，夫妻各奔东西。

5. 肝胆酒

在我国贵州水族习俗中，至今仍流行着一种古朴的酒俗，名叫“吃肝胆酒”。这是水族隆重的待客礼仪。贵客来了，主人家必须杀猪一头，并把连着苦胆的那叶猪肝切下，将苦胆管口封牢，连同猪肝放入锅内煮熟。待到正式宴客，酒过三巡后，主人即向入席的人们宣布，大家一起喝肝胆酒。于是，主人便当众将胆汁倒入酒壶中，然后给席上每人斟上一杯和有苦胆汁的白酒，由席中德高望重的长者先饮，再依次将肝胆酒喝尽，以此来表达主客肝胆相照、苦乐与共的情怀。喝肝胆酒还可同时配以其他礼仪进行。当第一杯肝胆酒依次喝完后，青年人还可用肝胆酒猜拳行令；交谊深厚者，有联臂举杯喝交杯酒的，还有用肝胆酒喝转转酒的。

6. 拦路酒

不管是去苗寨、侗乡，还是到布依族、仡佬族村落，远方来的客人往往要喝拦路酒。这是一种盛情而又古朴的乡风礼俗。当客人们还未进寨，主人就在路口或寨门设下路障，盛装的男女青年，整整齐齐地横排在路中，姑娘们手端一杯杯家酿米酒拦住去路。好客的主人，决不会轻易放过一个不肯喝酒的客人。有趣的是，这几个民族各有自己独特的风俗。

苗家是设桌拦路，用雕刻精美图案的牛角盛酒。客人接牛角杯时，常由两名姑娘用四只手扶住牛角，帮助客人把酒饮下。满满的一杯牛角酒，大约有三四两重，这对那些不胜酒力的人来说，实在是一道难关。但客人只要很客气地讨个饶，不伸手去接，只象征性地喝一点，主人也会通情达理，让其过关。

侗家的拦路酒另有一番趣味。拦路的竹竿上拴着禾草，绳索上拴着许多双绣花鞋垫；桌子上摆着一碗碗米酒，还有腌鱼、红色糯米饭和彩蛋，桌下放着竹篓。贵宾的去路被拦住了，村里的男女老少都簇拥过来，几个中年妇女端着酒盅唱起拦路歌，然后向客人喷酒，以示喜庆。当贵宾穿过路障，姑娘们就敬上拦路酒，还在他们胸前拴上两个象征吉祥如意的紫红色彩蛋，并摘下一双绣花鞋垫相赠。

在布依族村落，过了寨口的拦路阵后，还有拦门酒。姑娘们有的执壶，有的端盘，有的捧杯，继续为客人敬酒。

在仡佬族的寨前，则由身穿传统地方戏剧服装、像武将一样威风凛凛的男子，排列在路口迎候，而由寨老亲自敬上拦路酒。

拦路酒场面壮观，美酒不烈，情深谊长。

7.破戒酒

这是出于某种礼仪需要，或在某种特殊情况之下，不遵循禁令所饮的酒。如在太平天国起义军中，是有命令不准饮酒的，而《太平天国诗文选》却记载了石达开的一首饮酒诗：

千颗明珠一瓮收，

君王到此也低头。

五岳抱住擎天柱，

吸尽黄河水倒流。

诗的第一句写了杂酒的酿造；第二句写酒之名贵，就连皇帝也会低头痛饮；第三句形象地描绘了喝酒的姿态，第四句写出了石达开畅饮之后的豪情壮志。这首在苗家广为流传的诗，写在贵州。当年，翼王石达开率领十万太平军来到贵州大定后，很注意尊重苗家的风俗习惯。苗族人民为了欢迎这支纪律严明的队伍，取出了埋在地下多年的陈杂酒，以上宾之礼招待他们。这杂酒是由黄豆、稗子、苞谷等酿制而成，再加储放多年，异常清洌香醇。一坛美酒放在花场上，插着一根用来吸饮的通心杆子。为不辜负苗族人民的心意，石达开破戒饮了杂酒，酒后即席赋出了答谢苗族人民盛情的珍贵诗句。

用酒反常趣事传

酒的用途本来就很广泛，而有些人却又故意地或者不经意地反常使用，于是出现了不少趣事。下述几例就是其中的一部分：

1. 用酒浴洗

有的人不仅喜欢喝酒，而且喜欢用酒洗澡洗脚。

冯梦龙《古今谭概》中，讲了一个名叫石裕的怪诞之人。有一次，他酿制出几斛好酒后，忽然解带脱衣，进入酒中，痛痛快快地洗了一个澡才出来。他见子弟们很惊讶，便向他们解释说："我这个人平生喜欢喝酒，但只恨身上的毛发从来没有尝过酒味。今天在酒里泡一泡，特意让毛发尝一尝，这样就没有厚薄之分了。"

冯梦龙在《喻世明言》中，还叙述过马周用酒洗脚的趣事。大唐贞观时期的马周，一生挣得一副好酒量，闷来只是喝酒，尽醉方休，而且常发酒疯。邻居们讨厌他，他却不在意。后因喝酒误事，遭到上司的斥责，辞职而去。有一天，他在长安游历途中，来到一家大客店。马周一下子要了五斗酒和几碗肉菜，然后举瓯独自酌饮，旁若无人。约莫吃了三斗有余，向店里要了个洗脚盆来，把剩下的酒都倾在里面，脱掉双靴，把脚伸进盆里，在场的顾客们见了，无不惊讶并暗暗称奇。这件怪事流传开后，有一位名叫岑文本的文人画了《马周濯足》图；后来，又有烟波钓叟在图上题写了"世人尚口，吾独尊足"

和“酬之以酒，慰尔仆仆”等诗句。

从外国的沐浴史来看，西洋一些国家在19世纪用葡萄酒洗浴就已多见。据说，男子结婚前，往往要用酒进行一次婚前沐浴。拿破仑的弟弟耶罗尼莫·波拿巴，曾当过威斯特伐里亚的国王，他洗澡时，喜欢用莱茵酒。

2. 用酒祭诗

据唐代冯贽所撰《云仙杂记》引《金门岁节》《唐才子传》记载，中唐诗人贾岛，每年的春节前夕都要用酒祭诗一次。

贾岛对平生所作之诗异常珍惜。每年除夕，必将一年所作的诗篇放置于桌案之上，摆好酒肉为祭，焚香拜祷，口念祝词说：“劳吾精神，以是补之。”祭完诗后，开怀痛饮，长歌而度岁。后人对贾岛用酒祭诗的事颇感兴趣。宋代诗人戴复古在《壬寅除夜》中，曾写下“杜陵分岁了，贾岛祭诗忙”的诗句。

3. 用酒伴读

宋代费衮所撰《梁溪漫志》中，曾说过这样的话：“昔人有云：‘痛饮读《离骚》，可称名士。’世往往道其语，予常笑之。”在宋代还发生过读书必须喝酒、把书作为下酒菜的故事。

北宋梓州铜山诗人苏舜钦，爱喝酒，工散文，诗与北宋著名诗人梅尧臣齐名。他“汉书下酒”的趣闻，被龚明之录入《中吴纪闻》中。

苏舜钦寄居在岳丈杜衍家时，每天夜里读书都需要饮酒一斗，也不需要下酒的菜肴。杜衍觉得奇怪，就派人去窃探。当天晚上，苏舜钦正在津津有味地朗读《汉书·张子房传》。只见他读到张良椎击秦始皇却误中副车时，拍案叹息道：“惜哉，此击之不中也！”说罢，饮了满满一大杯酒。接着，当读到张良投奔刘邦、说“此天以臣投陛下”一节时，苏舜钦又拍案叹道：“噫，君臣相遇，何其难也！”说罢，又满饮一大杯。

当去窃探的人回来讲了苏舜钦饮酒读书的情形后，杜衍不由得大笑道："有如此下酒物，一斗诚不为多也。"意思是说，有《汉书》下酒，喝一斗是不算多的。

4. 用酒佐弈

冯梦龙《古今谭概》记载，陆放翁《渭南文集》中曾讲过一件趣事：宋朝围棋高手郑侠，平生酷爱下棋。当没有对手时，便自个儿以左右手对局。他左手执白子，右手执黑子，精思熟虑，如同真敌，盘盘都下得十分认真，并且边下棋边喝酒。如果白棋胜了，他就用左手斟酒；黑棋胜了，则用右手斟酒，真是乐在其中。有一次，其挚友苏东坡来访，见此情景不禁捧腹大笑，即兴赋了一首《观棋诗》，其中就有"胜固欣然，败亦可喜"的妙句。

5. 用酒壮拳

我国独特的民族武术运动中，有一种奇特有趣的象形拳，名叫"醉拳"。"醉拳"是模仿人的醉态，借助于踉踉跄跄、东牵西扯的醉姿，利用一颠一扑、一招一式的功架，反映出清晰的拳路和灵敏的动作，显示出"动中有静、静中有动"和"形醉意不醉""步醉心不醉"的特点。"醉拳"的套路很多，招式丰富多彩，其中闻名于武林的"醉八仙"，堪称一绝。《水浒传》第二十九回"施恩重霸孟州道 武松醉打蒋门神"中，对"醉拳"有这样的描述：武松提出，去打蒋门神时，每遇着一个酒店便要吃三碗酒。施恩担心地说："算来卖酒的人家也有十二三家，若要每店吃三碗时，恰好有三十五六碗酒，才到得那里。恐哥哥醉也，如何使得！"武松大笑道："你怕我醉了没本事？我却是没酒没本事。带一分酒便有一分本事，五分酒五分本事，我若吃了十分酒，这气力不知从何而来。若不是酒醉后了胆大，景阳冈如何打得这只大虫！那时节，我须烂醉了好下手。又有力，又有势！”武松一路上吃了三十多碗酒，把布衫摊开，虽然带着五七分酒，却装作十分醉，前颠后偃，东倒西歪，来到林子前，经过一番交手，结果把蒋门神打翻在地，打得恶霸连连求饶。目前，《水浒传》被推为我国历史上最早描述“醉拳”的著作。

6.用酒宴死

《古今谭概·怪诞部》中，有“宴死”一节。一天夜里，黄彪去看望张敉，只见他家里摆设了一桌酒宴，却只有张敉一个人独坐主人席位，像是在对着其他几个座位谈话。黄彪疑惑不解地问这是怎么回事。张敉回答说：“今天邀请死去的朋友张之象、董宜阳、何良傅、莫如忠、周思兼五人喝酒，我想说的话，都在心里告诉他们。”黄彪听了后笑着说：“你这样盛情地邀请他们来喝酒，看来诸位朋友一定会前来赴宴。”用酒祭奠亡灵历来属于常见现象，而设宴请客只限于活人，因此张敉的举动不能不被看作怪诞的行为。于是，冯梦龙特意写下了“诸君奇客，张奇情，黄亦奇语”的评论。

以酒巧设迷魂计

清人李汝珍《镜花缘》中，曾讲到一种“极其厉害”的“迷魂阵”，设在“酉水关”前，使人闻风而惧。这个“酉水阵”，就是“酒阵”。阵内酒帘高悬，酒香扑鼻，备有山西汾酒、绍兴女儿酒等五十五种新酿名酒，还有一百多种古来各处所产名酒，令人口涎直流。凡攻打此阵者，到了里面，被酒气一熏，不会饮酒的顷刻晕倒于地；会饮酒的，不饮即有三分醉意。嗣后经不起美酒的诱惑，欲想饮上一杯。当面对酒碗，嗅到碗内飘逸出来的酒香时，只觉得喉内仿佛伸出一只小手来抢酒碗，哪里忍耐得住，只得发狠道：“你就是下了毒药，我也顾不得了！”结果莫不醉倒于地，气绝身亡。这“酉水阵”，也叫“自诛阵”。凡在阵内遇害，都是由于自己操持不定，被美酒“迷魂”所致。

酒确实诱人、醉人，却也可以迷人、惑人。自古以来，以酒编撰的故事流传很多。下面列举几类。

有的仅仅用酒把对方灌醉，借以实现自己的预谋。如：明代画家屈约，曾师从名画家夏昶。夏昶性格怪僻，最不喜欢即席挥毫。所以，要观看他运笔用墨的技法，是很困难的。怎么办呢？屈约灵机一动，想出一个妙计：请夏昶喝酒，并在墙上挂一张白纸。等夏昶喝酒时，自己先画风雨竹数竿，然后骗他继续作画。

一天，夏昶在屈约家喝完酒，醉醺醺地回到了家。隔了几天，夏昶又应邀来到屈约家。当他看见墙上的画轴只有几笔风雨竹时，忙问：“这是谁画的呀？”

屈约回答道：“是老师那天喝酒喝得痛快时画的。”

夏昶看了一阵，说道：“哦，大概是我那天酒喝得太多了，还没有画完。”说毕，他挥动画笔，在画面上添了寥寥几笔。顿时，画卷雨骤风狂，竹篁成韵。

另一类常用于打仗。《马可·波罗游记》记载了一则我国常州居民以酒御敌的故事。元时忽必烈大汗委派将领伯颜攻打常州城。伯颜在一些信奉基督教的阿雷人陪同下，长驱直入进了城后，发现城里有大批的酒。由于长途行军，士卒疲惫不堪，饥渴难忍，便不假思索地开怀饮酒。结果，一个个喝得酩酊大醉，倒卧在地，呼呼大睡。内城的人一见敌人已经中计，乘机将他们捕获杀戮，没有一个漏网的。

《三国演义》第四十五回“三江口曹操折兵　群英会蒋干中计”中的蒋干，中的是周瑜的假醉计。周瑜以同窗契友的名义，热情款待曹操派来的说客蒋干。席间，奏军中得胜之乐，轮换行酒。周瑜为了堵住蒋干的嘴，先当众宣布说：“此吾同窗契友也，虽从江北到此，却不是曹家说客。公等勿疑。”还解下佩剑交给太史慈说：“公可佩我剑作监酒，今日宴饮，但叙朋友交情，如有提起曹操与东吴军旅之事者，即斩之！”蒋干见此状况，十分惊愕，不敢多言。周瑜为了麻痹蒋干，又进一步说：“吾自领军以来，滴酒不饮。今日见了故人，又无疑忌，当饮一醉。”说罢大笑畅饮。座上觥筹交错。后来，周瑜佯醉，拉着蒋干外出观看军容与粮草，接着入帐再饮。饮至天晚，点上灯烛，周瑜起身舞剑作歌，唱道：

丈夫处世兮立功名；

立功名兮慰平生。

慰平生兮吾将醉；

吾将醉兮发狂吟！

歌罢，满座欢笑。撤席后，周瑜佯装大醉之状，携蒋干入帐共寝，自己和衣卧倒，呕吐得乱七八糟。蒋干趁机盗去周瑜桌上的假书信，匆忙返回曹营，报告曹操，说蔡瑁、张允私通东吴。曹操一怒之下，斩掉“深得水军之妙”的两员水军都督。当献头帐下时，曹操才醒悟：“吾中计也！”周瑜得知探报后，高兴地说：“吾所患者，此二人耳。今既剿除，吾无忧矣。”

在今湖北襄阳地区，流传着一个诸葛亮用酒菜和金元宝巧设葬身计的故事。相传，诸葛亮六出祁山得了重病，知道自己寿命不长时，就把姜维、杨仪找来交代后事，说他死后，做四具假尸，从四面城门同时出殡，营盘中不准留下一个仆役。然后，他又把儿子诸葛灵叫到床前，嘱咐他：“我死后，你也不要为我送殡。我已亲自挑选了八条大汉，外加一个伙夫，你给他们八十个头号金元宝作为赏赐，由他们埋葬我就行了。等他们回来，你一问，便知道我身葬何处。”

诸葛亮咽气后，军中立刻按照他的吩咐办丧。诸葛灵请出诸葛亮生前选定的八个大汉和一个伙夫，都是因贪污军饷等问题犯了死罪的囚徒，其中八个大汉还会看风水。九个囚徒听诸葛灵说，是丞相生前赦他们不死，如今还派他们抬棺并赏赐八十个金元宝，个个感激不尽。

八个汉子抬着诸葛亮真尸，过河翻山，选定风水宝地安葬好后，合计说：“诸葛亮足智多谋，为何把这事交给我们囚犯，还给重赏？

恐怕其中有诈。”“干脆回去打死那个伙夫，每人分十个金元宝逃命，免得在军中等死！”

再说伙夫在营中一面准备酒菜，一面想：诸葛亮使用的什么圈套，竟这样相信我这个囚犯？此事蹊跷，我不如用毒酒把那八个人药死，独得八十个金元宝逃走。他当即在酒中投了砒霜，把酒菜摆在桌子上，独自到里屋观看金元宝。

八个大汉拿着家伙赶回进入厨房，见到酒菜，个个馋涎欲滴。当他们发现伙夫正在里屋往怀里装金元宝时，气得火冒三丈，扬起铁锨、木棒，结果了伙夫的性命。八人各分得十个金元宝，高高兴兴地大吃大喝。没等把酒喝完，个个喊叫肚子痛，便倒在地上，气绝身亡。

当诸葛灵找来时，却发现九个囚徒已全都死去，八十个金元宝滚落一地。有一个金元宝被碰开裂口，诸葛灵急忙拾起来一看，原来是空元宝，里面塞了一个纸团，展开一看，上面写着诸葛亮的亲笔字：孔明巧设葬身计，确保真尸得平安。

《水浒传》第十六回“杨志押送金银担　吴用智取生辰纲”，描写江湖好汉吴用、晁盖等人怎样巧妙地用掺入蒙汗药的美酒，将一伙押送金银担的官军灌得烂醉，从而夺走了金银担。这个故事也是以酒设计的很好的范例。许多读者谅必已读过《水浒传》，笔者就不在此赘述了。

贪酒招祸警世人

酒，既能娱人，也能误人。古往今来，因酒得益和因酒致损的事例，举之不尽。武断地提出不许喝酒，固然不妥，但听任酗酒，就更加不对。关键在于饮酒要讲场合，要讲酒德，要讲适量。凡是有理智的人，对待饮酒一向持谨慎态度，不会见酒忘乎所以，即使高兴了多饮一点，也始终不超过限度。而那种见酒眼开、逢酒必喝、喝酒必醉的人，就很可能因酒出丑、乱德、伤身、误事、遭殃，给事业和个人造成某种损害，甚至带来杀身之祸。无论是在古籍记载中，还是在现实生活中，都可以清楚地看到这一点。

早在4000多年前，以治水而名满天下的大禹，就曾经对饮酒可能造成的危害，作过中肯的预言。据《尚书》记载，当大禹品尝了仪狄进献的美酒后，感觉甘美异常，就告诫仪狄别再酿造，并且断言："后世必有以酒亡国者。"对此，窦苹在《酒谱》中评论说："夫禹之勤俭，固尝恶旨酒，而乐谠言。"勤俭的大禹忧虑后世有人贪酒亡国，并以正直的话告诫，确实难能可贵，其先见之明已为后事所证实。

魏晋诗人赵整《酒德歌》云：

地列酒泉，天垂酒池。

杜康妙识，仪狄先知。

纣丧殷邦，桀倾夏国。

由此言之，先危后则。

歌中所指的夏桀和殷纣，就是两个“以酒亡国者”的代表。

夏桀曾奢侈到建造“酒池糟堤，纵靡靡之乐，一鼓而牛饮者三千人”。这种行径，导致了“倾夏国”的下场。

据《史记·殷本纪》记载，纣王沉湎酒色，穷奢极欲。他扩大沙丘的花园，刻意地修缮园中的亭台楼阁，园中池子里盛满了酒，到处悬挂着肉，好像一处树林。他整日在沙丘园中玩乐，让男男女女脱光衣服，追逐游戏，通宵达旦地吃酒，唤作“长夜之饮”，致使百姓怨声载道，愤恨不已。有的诸侯背叛，率师讨伐。结果，殷纣王兵败自焚，以“丧殷邦”而告终。

夏桀和殷纣的因酒废政，给后世提供了教训。于是，推翻殷商后建立周朝的统治者，颁发了禁酒的《周书·酒诰》：“商受酗酒，天下化之。妹土，商之都邑，其染恶尤甚。武王以其地封康叔，故作书诰教之云。”《酒诰》指出，殷商因酗酒而灭国，“今惟殷坠厥命，我其可不大监抚于时”，不可不引以为戒，并提出了严厉的措施：“群饮，汝勿佚，尽执拘以归于周，予其杀。又惟殷之迪诸臣惟工，乃湎于酒，勿庸杀之。”就是说，凡是群居饮，就要统统抓起来杀头。同时授权康叔，杀戮饮酒的商朝遗民。而对造酒的百工饮酒，还是可以免死的。因为周朝统治者还需要百工造酒，用来敬神祭祖和供自己享乐。《周书·酒诰》作为“乱世用重典”的禁酒刑律，发挥了明显的作用，正如清初杰出思想家顾炎武《日知录·酒禁》中所说：“故成、康以下，天子无甘酒之失，卿士无酣歌之愆。”

后来，由于“礼崩乐坏”，饮酒之风又冲破了《周书·酒诰》的束缚。如《诗经・小雅・宾之初筵》，就很生动地描绘了周代贵族举行盛大酒宴的情景：客人们按照仪式在钟鼓声中饮酒、射箭，欣赏歌舞，祭祀祖先。他们起初都是“温温其恭”“威仪反反”，但当饮得酩酊大醉后，就现出了各种丑态：

宾既醉止，载号载呶。
乱我笾豆，屡舞僛僛。
……

上述诗句的意思是说，宾客们都喝得烂醉了，有的狂叫，有的乱闹，酒席上的杯盘被打烂了，他们还在歪歪斜斜地手舞足蹈。

至于贪酒招祸的个人，在春秋战国时期也为数不少。例如，曾为晋文公的霸业屡建战功的大将魏犨（chōu），因酒醉坠车，折臂伤残，不久即内伤复发，呕血而死。再如，魏国有名的公子信陵君无忌，常与宾客们通宵达旦地饮宴，大喝浓郁的美酒，终于因饮酒过多而暴病身亡。又如，楚军元帅子反因醉酒贻误战机，以致被杀；齐国宠臣庄贾因贪杯违约迟到，以致被斩首示众的事，更为史家所屡屡谈及。

据《史记・楚世家》记载，楚共王十六年，晋国攻打郑国，楚共王出兵救郑，同晋国的军队在鄢陵展开一场大战。结果，楚国兵败，共王还被晋兵射中了眼睛。在此危急关头，一向喜欢喝酒的将军子反，忘掉了楚共王的告诫和自己的职责，禁不住侍从阳竖带来的美酒诱惑，竟喝了个烂醉如泥。共王恐怕晋军又来攻打，几次召见子反，子反都醉卧不起，无法前往。共王大怒，用箭把子反射死，罢兵而归。《东周列国志》第五十九回，在描述子反的这一贪酒悲剧后，引录髯仙的一首诗慨叹说：

眇目君王资老谋，
英雄谁想困糟邱？
竖儿爱我翻成害，
谩说能消万事愁。

就在楚国子反死去的十几年后，齐国又出了庄贾贪酒被杀的事。据《史记·司马穰苴列传》记载，齐景公执政时，晋国与燕国同时出兵攻打齐国。齐国军队被击败，景公忧虑万分，召见了穰苴，共商军略大事，并封穰苴为将军，率兵迎敌。景公还让自己最宠信的大夫庄贾前去监军。穰苴与庄贾约定说："明天正午集合三军出发，请监军务必准时到达军营。"

第二天，穰苴赶到军中，立起木表，观测日影，开了漏壶，测算时刻，等待庄贾的到来。谁知，庄贾却在亲戚僚属为他摆设的酒宴上开怀畅饮。正午过后，他仍然没有赶到军中。穰苴便放倒木表，停掉漏壶，巡视营区，整理部队，宣布号令。直到太阳落山，庄贾才面带酒容，姗姗到来。他为自己辩解说："僚属亲戚们携酒赶来为我饯行，多喝了几杯，所以耽搁了。"穰苴义正词严地说："身为将领，在接受任务的那一刻起，就应该忘记自己的家庭；到军中宣布号令后，就得忘掉私人的亲情；在擂动鼓槌战况紧急的时候，就该不顾个人的生命安危。现在敌军深入，民心不安，士兵流血，国君忧虑，把三军托付给我们，渴望我们迅速破敌，解除危难，你竟有心思与亲朋饮酒为乐？"接着，他招来军法官，查询对迟到者有何处置。军法官回答说："应当杀头。"庄贾一听，吓得魂飞魄散，马上派人向景公求救。但没等派去的人赶回来，庄贾即被斩首于辕门。三军将士看了，无不震动。从此，这件事被作为著名军事家严于治军的例证，也被作为酒徒贪饮招祸的例证，广泛地流传了开来。

秦汉之际，天下混乱，饮酒也处于无限制状态。据《汉书·叔孙通传》记载，在汉高祖刘邦称帝之初，竟出现“群臣饮争功，醉或妄呼，拔剑击柱”之事。直到制定汉仪之后，才形成了“竟朝置酒，无敢欢哗失礼者”的新局面。汉代丞相萧何还制定过“三人以上，无故群饮酒，罚金四两”的律条，可是没能坚持多久。到了汉武帝时，为广开财源，开始对酒实行抽税。这也意味着承认了民间可以生产酒和买卖酒。从此，贪酒招祸之事，也开始有增无减。

到了东汉末年和三国时期，曹操曾主张彻底禁酒，但遭到孔融等人的激烈反对；蜀国因大旱而严禁酿酒，曾有“诸葛亮之治蜀，路无醉人”之说。可是，从历史小说《三国演义》中，可以看到多处有关贪酒招祸的描述。有的因贪酒，丢失粮草；有的因贪酒，容貌憔悴；有的因贪酒，赤臂中箭；有的因贪酒，将人刺死……尤其是猛将张飞酒后暴躁，鞭笞部属，结果蒙遭杀害一事，常使人为之叹息不已。

晋代以后，历朝禁酒总是时紧时松，贪酒招祸之事也即时少时多。但总的来看，随着产酒规模的扩大和饮酒风气的盛行，酒徒倍增，酒祸频出，不能不引起人们的深思和忧虑。

围绕贪酒招祸问题，顾炎武《日知录·酒禁》中，有这样一段议论：“水为地险，酒为人险。……水懦弱，民狎而玩之，故多死焉；酒之祸烈于火，而其亲人甚于水，有以夫，世尽然夭于酒而不觉也。”此言不无道理。

昏官嗜酒令人恨

在封建社会，朝中有人好做官，家中亲戚都可以拉入官场，加之还可以出钱买官，一些痴人蠢子也就戴上了乌纱。那么，一些本来就很愚蠢的昏官，在喝醉酒后会糊涂、荒唐、凶残到何等程度，就很难预料了。

有些酒鬼式昏官的所作所为，往往使人们忍俊不禁。如民间笑话中，讲过一个喝过酒的县官，在摇摇摆摆地走出前庭、登上大堂后，为了卖弄自己的“聪明”，竟然吟出这样的诗句：

老爷我上堂来乐悠悠，
三壶酒下了肚心不糊涂。
坐稳当脊梁骨总是朝后，
一张桌一把椅都是木头！

再如，清代褚人穫所撰《坚瓠集》中，记述了一个“三平”的笑话。说的是吴兴沈太学倅云，命一个属员去取三瓶酒，却把“三瓶”错写成“三平”。属员一见就说：“这个‘平’不是那个‘瓶’！”此官拿过看了看，把“平”字的一竖往上一挑，说：“不要三‘平’（瓶），就取三‘乎’（壶）吧！”

又如，清朝的一个御史不但不理政事，而且杯不离手，日夜都沉醉在酒乡之中，人们称之为“糟团御史”。有好事者在他的门前贴上“糟团日日醉春风”的诗句，加以嘲讽。但他若无其事，只在诗后批上“知道了”三字，继续“日日醉春风”。

清代独逸窝退士所辑《笑笑录》中，讲到一个糊涂透顶的县官，做事可笑，所犯错误不胜枚举。他的酒量很大，每天都要饮几斤酒。一天，突然有人前来喊冤。县官正喝得醉醺醺的，恼怒来人败了他的雅兴，一肚子不高兴地升堂，不问情由，拍案喝打！差役问要打多少板，县官伸出指头，大声说：“再打三斤！”顿时满堂哄笑起来。又有一次，县官醉醺醺地升堂给轿夫发工钱。见堂前来了四个轿夫，县官吹胡子瞪眼，怒气冲冲地说：“我每次仅见有两人抬轿，为什么今天来了四个？”轿夫说：“前面是两个，后面还有两个呢！”

还有些酒鬼式的凶官恶吏，行径专横、残酷，令人发指。冯梦龙《古今谭概》在谈到北齐文宣帝的“恶痴”时，其中就有醉后伤人：无故把人斩首后，在酒宴上取出人头，投入盘上，肢解其尸，致使在座的众人莫不丧胆。明代曹臣《舌华录》中，曾谈到晋代石崇为了劝酒小事，竟在酒宴上连斩数人的恶行。

在近代史上，民国军阀陆建章“醉里画红圈”的传说故事，可以说是酒后草菅人命的典型一例。陆建章是袁世凯的亲信，虽然只是一个执法处处长，但权力大得吓人。1913年的一天，他因逮捕了两个革命党人，受到袁世凯的嘉奖，心里十分高兴，正在房内开怀痛饮，忽见典狱长走来，向他报告牢狱里人满为患。这时，陆建章已喝得八成醉了。他又呷了一口酒，一拍桌子道：“不要啰唆，你去把犯人的名册拿来。”典狱长以为他要放人了，就连忙呈上名册。陆建章拿起一支朱笔，一边翻着名册，一边在犯人姓名上画红圈。不一会儿，就把厚厚一本名册画完。他一甩笔，把名册交给典狱长说：“饭桶！这有何难？看，画上红圈的——杀！这样，监狱还会挤吗？”

典狱长万万没有想到，陆建章竟会用这种“办法”来疏松监狱。他知道陆建章是袁世凯手下的“红人”，一向骄横任性，如果在他酒醉时提出异议，恐怕连自己的脑袋也保不住，无奈何只得唯唯而退。就这样，一批无辜人犯，竟在陆建章的醉笔之下作了冤鬼。

古时候，老百姓十分痛恨那些酗酒的昏官酷吏，总是通过说笑话等各种形式来讽刺嘲笑他们。

如明代无名氏《时尚笑谈》中，有一则“嘲官不明”的笑话：有一个昏官，断案糊涂，懒于理事，嗜酒贪杯，刮财酷民。老百姓对他怨恨至极，于是作了五言八句来讽刺他说：

黑漆皮灯笼，半天萤火虫。
粉墙样白虎，青纸画乌龙。
茄子敲泥磬，冬瓜撞木钟。
但知钱与酒，不管正和公。

歌谣不仅把这个糊涂虫的“天昏与地暗”暴露得非常充分，也酣畅淋漓地勾勒出了此人贪酒爱钱的嘴脸，令人嗤之以鼻。

再如，《嘻谈续录》中讲了一个“五大天地”的笑话。说老百姓非常怨恨一个酗酒误事、贪财酷民的昏官。这个昏官在任时，大家敢怒而不敢言。当昏官卸任后，百姓高高兴兴地送给他一块“德政碑”。这块用来纪念其“政绩”的碑上，书写了四个字：“五大天地”。昏官看了不解其意，就问：“这四个字是什么意思？”众人相视一笑，齐声回答说：

官一到任时，金天银地；

官在内署时，花天酒地；

坐堂听断时，昏天黑地；

百姓含冤时，恨天怨地；

交卸离任时，谢天谢地。

这种挖苦是够尖刻的，但在封建社会，又能起多大的作用呢？

怪异饮法杂糅辑

据《马可·波罗游记》载，13世纪时，在锡兰岛以西近100公里处的“马巴尔省”王国里，饮酒的风俗十分怪异。人们饮酒时，使用一种很特别的容器，而且每个人只用他自己的饮器，从来不用他人的饮器。拿饮器的手只能是右手，至于左手，则始终不能触摸。饮器不能放在嘴边，而是要举过头把酒倒入口中，无论如何，都不能使饮器接触嘴唇。当与外地人饮酒时，如果客人没有带饮器，他们不会把自己的饮器递给客人，而是把酒倒入客人的手中，让客人用两只手当作杯子来取饮。这只是外国许多怪异饮法的一个事例。

在中国历史上，也有多种多样的饮酒方法。明朝时的屠本峻，曾把饮酒分为独酌、浅酌、雅酌、豪饮、强饮、痛饮、畅饮、文饮等“饮酒八德”。但据古籍记载，也出现过一些不同寻常和违背酒德的怪异饮法。有的别具一格，有的令人费解，有的出尽洋相，有的很不文明。现列举如下：

1.鼻饮

即用鼻子喝酒。《汉书·贾捐之传》载：“骆越之人父子同川而浴，相习以鼻饮。”供鼻饮时器具名为“鼻饮杯”。宋代范成大《桂海虞衡志》中，有这样的记述：“鼻饮杯。南边人习鼻饮，有陶器如杯碗，旁植一小管，若瓶嘴，以鼻就管吸酒浆，暑月以饮水，云：‘水自鼻入咽，快不可言。’”《坚瓠集》也谈到，元代诗人陈孚留出使安南，其纪事诗中有“鼻饮如瓴甋（dí）”之句。这些事，都发生在“骆越”等古部族居住的边远地区或岭南一带。

2. 咂饮

南宋庄绰《鸡肋篇》中，谈到“关右塞上人造噆酒，以笛管吸于瓶中，杜诗芦酒盖谓此”。杜诗芦酒，指的是唐代诗人杜甫《送从弟亚赴河西判官》诗中，有“芦酒多还醉”之句。“芦酒”，就是以芦为筒吸而饮之。古时贵州遵义一带的“咂酒”与此类似。饮时，把酒注入一尺多高的小坛内，摆设于芦舍之中，预先取细竹一枝，约三尺长，将其节穿通，插竖坛上，喝时另注入新汲之水，“于竹上咂之”。所饮的这种酒，共有十个名称。除名咂酒、噆酒外，还称为芦酒、筒酒、杂麻酒、钓竿酒、竿儿酒、琐力麻酒。据说，古人在咂饮时，虽然饮法别致，但很讲礼貌：“揖让序饮，礼意犹存。”

另据《太平广记》记载，也有利用类似咂饮的方法骗酒喝的。说的是“南方饮既烧，即实酒满瓮，泥其上，以火烧方熟，不然，不中饮”。酒熟后，为了判断酒味的好坏，便在泥上钻一个筷子粗细的小孔，把细筒插入孔中，让前来买酒的人，就着筒口吮咂，以尝酒味，俗话称作“滴淋”，有的无赖酒徒，一点儿钱也不带，“空手入市，偏就酒家滴淋，皆言不中。取醉而返”。

3. 牛饮

这是一种俯身就池而饮、形容如牛的饮法。《通鉴前编》中记载：“桀作瑶台，罢民力，殚民财，为酒池糟堤，纵靡靡之乐。一鼓而牛饮者三千人。”有一则笑话说，父子俩扛酒一坛，路滑打碎，父亲正在恼怒，儿子却已伏在地上狂饮四处横溢的酒，还抬头对他的父亲说：“还不快喝，难道还要等上菜才喝吗？”儿子的这种喝法恐怕也可以归入“牛饮”。后来，人们也称豪饮为牛饮。宋代梅尧臣《和韵三和戏示》诗中，就有“将学时人斗牛饮，还从上客舞娥杯”之句。

4. 倒饮

这种饮法很像杂技。《神仙传》记述，在一次会饮时，孔元方竟“以杖柱地”，手把着木杖，使整个身子倒竖起来，“头下足上，一手持杯”而饮。

5. 游饮

北京故宫博物院藏有明末著名画家陈洪绶的一幅《升庵簪花图》。画的是明代文学家杨慎的事。杨慎在正德年间考中进士第一，授职翰林院修撰。后因直言极谏，触怒嘉靖皇帝，被贬谪到云南永昌。他常常喝醉酒，用粉搽面，梳双髻并插花，让门生抬着漫游，歌女手捧酒器随行，毫不感羞愧。《升庵簪花图》画面上的杨慎身着宽袍大袖，头上戴着五色花枝，昂首鼓腹，双眸下视，一副傲慢的神情，样子是似歌似吟，似醉非醉，淋漓尽致地表现了这位失意文人的放浪形骸。杨慎身后，随行有两个捧盂持扇、身体瘦弱的女子，形体和精神状态与杨慎成鲜明对比，这是游饮的一个典型例子。

另据明人冯梦龙《古今谭概》记载，吴中陈体方以擅长写诗闻名。每有吟咏，他必然要索酒喝。将死之时，他头戴野花，遍游田野，狂醉三日而去。

6. 对饮

这种饮法一般是相对而饮，且饮不择偶。据《古今谭概》记述，有一个名叫谢几卿的长史，非常随便。他曾参加游苑酒宴，不得醉而还，于是便在大道旁的酒店前停下车子，撩起帘幔，“与车前三驺（车夫）对饮。观者如堵，谢处之自若”。还有一个名叫何承裕的县令，“醉则露首，跨牛趋府”。他往往招来豪吏，满杯对饮。豪吏认为他醉了，便趁机“挟私白事”。谁知何承裕说：“此见罔也，当受杖！”打完棍棒后，再次招来与他一起饮酒。又有一个“袁尹疏放好酒”的故事，说袁尹走在白杨郊野间，路上遇到一士人，便呼叫他与自己一起酣饮。第二天，此人认为袁尹对自己有知遇之情，便登门要求通报相见，谁知袁尹却说：“昨饮酒无偶，聊相共耳，勿复为烦。”意思是说，昨天饮酒没有伴，才叫你来一块儿喝，你不要再烦扰。

7. 套饮

这是一种往脖子上套东西的饮酒法。如《古今谭概》记载，黄门郎马消难，曾经遇到高季式，与他一起酣饮。高季式竟然取出车轮套在马消难的脖子上，又用一车轮套在自己的脖子上。马消难笑着顺从了。

8. 逼饮

就是逼着别人非喝不可。《古今谭概》记述，当武元衡在西川举行酒宴时，一个名叫杨嗣复的从事，不仅自己“狂酒”，而且逼着武元衡用大杯饮酒。武元衡不饮，杨嗣复便把酒浇在武元衡的身上和头发上。武元衡的衣服被淋湿了，只得起身更换。还有一个例子是晋代的谢奕，有一次，他逼着大将军桓温饮酒。桓温在他的纠缠下，只好走进南康主门躲避。谢奕便带着酒拉住桓温的一名老兵共饮，而且一边喝，一边说：“失一老兵，得一老兵，亦何所恨！”

9. 裸饮

脱光衣服喝酒，这是一种放荡不羁、不感羞耻的饮法。据《古今谭概》记载，孟祖避难渡江，想投奔胡毋彦国。刚到时，正碰上彦国与谢鲲等人“散发裸袒，闭室酣饮，已累日”。孟祖要敲门，守门的人不理睬。孟祖便在房子外面脱掉衣服，把头伸进狗洞里一面往里面看，一面大声喊叫。彦国很吃惊地说："其他人决不会这样干，必然是我的知己孟祖来了！"于是急忙把孟祖喊进来，一块儿进行"裸饮"。此外，晋代的"竹林七贤"，也有裸饮的习惯。

10. 囚饮

戴着枷锁和镣铐之类的刑具，像囚犯一样饮酒。据《古今谭概》记载，北宋初文学家、书法家石曼卿，字延年，善于豪饮。每当与客人一起痛饮时，便露着头发，光着脚，戴着镣铐而坐，谓之"囚饮"。除此之外，石曼卿还有四种饮法：

一是"巢饮"。即"饮于木杪"，在树梢上搭窝巢饮酒。这种饮法又名"鹤饮"。

二是"鳖饮"。即"取蒿束之，引首出饮"，用蒿把头束住，再牵引出来喝酒，像鳖一样。

三是"鬼饮"。即"其夜不燃烛"，在黑暗中饮酒。

四是"了饮"。即"饮次挽歌哭泣"，以哭唱哀悼死者的歌作为饮酒的结束。

对此，《古今谭概》中这样写道："石延年与苏舜钦辈饮名凡五。"看来，在怪异饮法方面，石曼卿可以称得上是一个"乐此不疲"的人物。

委婉劝谏止贪饮

清代石成金所撰《笑得好》中，有一则学生嘲讽教书先生撒酒疯的笑话：有一位教书先生很喜欢喝酒，而且撒酒疯。他偶然出了一个“字对”，与学生对句。

先生先说“雨”，学生对了个“风”。

先生把“雨”添成三个字：“催花雨”。学生也添成三个字：“撒酒疯”。

先生又添成七个字：“园中阵阵催花雨。”学生也用七个字对道：“席上常常撒酒疯。”

先生说：“对子虽然对得好，但是不应该揭先生的短处。”学生却说：“如果再不改过，我就是先生的先生了。”

当然，像这样学生直接嘲讽老师的事例，毕竟是少数。至于在臣民劝谏君王不要贪杯方面，用直接嘲讽的方法就更少见了。

南朝宋刘义庆《世说新语》中，曾讲到一个“流涕谏”的故事。晋元帝过江，还是照样饮酒。王茂弘与元帝有些旧交情，便痛哭流涕地劝谏他不要再沉溺于饮酒之中。元帝被感动，听从了王茂弘的建议，“即酌一杯，从是遂断”。

据《元史·耶律楚材传》记载，元代名臣耶律楚材，曾用展示实物的方法劝阻太宗。太宗素来嗜酒，每日与大臣在一起酣饮。耶律楚材屡次劝谏没有效果，便手持被腐蚀的酒糟铁口，告诉皇上说：“酒能把铁器都腐蚀成这个样子，何况人的五脏呢？”皇上看了才醒悟过来，不再贪杯，并“敕近臣日进酒三钟而止”。

三国时期，东吴重臣张昭劝谏孙权，用的语言就比较刺耳了。称帝江东的孙权，很喜欢喝酒，由于贪杯滥饮，屡屡发生有失体统的事情。

有一次，孙权宴请宾客。宴厅里喝彩声、豁拳声此起彼伏，好不热闹。孙权饮酣，酒兴大发，竟忘了这是什么场合，与诸葛子瑜开起了污辱人格的玩笑。他令侍从将一头毛驴牵进宴厅，将一张写有“诸葛子瑜”四个字的纸条挂在驴嘴上，引起众宾客的哄笑。诸葛子瑜的儿子诸葛恪见父亲受辱，他随机应变，走上前去挥笔加上“之驴”两字，使之读成“诸葛子瑜之驴”，才替父亲解了围。

还有一次，孙权在酒宴上喝醉了酒，发起酒疯，逼着左右的人都要像他一样拼命喝酒，非到烂醉如泥不可。这时，绝大多数人都不敢说个“不”字，因为违令不喝主公的酒，是要杀头的。但是，大臣张昭却不予理会，他硬是滴酒未沾，径自离席出门，坐上自己的车子要回家。孙权觉得这是当众侮辱了他，非常恼火，传令把张昭召进厅内，质问说：“大家饮酒作乐，你怎么这样煞风景呢？岂有此理！”

张昭面不改色，直言谏道；“主公饮酒宜有节制。贪杯滥饮，逼手下共醉，是历朝昏君的行为，主公切不可丧失理智，失体统，醉生梦死！”这番话说得确实刺耳，左右的人都吓得倒抽冷气，孙权更是受不了这样居高临下的训斥，不由得勃然大怒，呵斥道：“你，敬酒不吃吃罚酒。我杀了你！”张昭仍旧不动声色，冷冷地说：“生杀权在主公手里。不过，我只怕主公长此下去，丧失人心。”

看到张昭如此镇定，又说出这样的话来，孙权酒也醒了一半。

他心想，张昭确是一片忠心，我听不进逆耳忠言，岂不真得失尽天下人心吗？于是，他假装酒醉刚醒的样子说："你们，你们都喝醉了？那就、就把酒席撤了、撤了。"从此以后，孙权再也不沉湎在酒席之中了。

在我国古代的机智人物中，淳于髡（kūn）和晏婴都是比较有名的。他们在劝阻"饮酒无度"方面，也有一些颇具智慧的妙谈。

据《史记·滑稽列传》记载，淳于髡是齐国的赘婿，身高不到七尺，却为人滑稽，口多辩才。他屡次出使诸侯之国，一直未辱使命。齐威王喜好隐语，又好彻夜饮酒，逸乐无度，沉溺于淫乐酒乐之中，而不理政事。齐王左右的人都不敢进谏。唯有淳于髡敢于直言相谏，但话却说得很婉转。

事情发生在齐威王八年。当时，楚国派遣大军攻打齐国，齐国便派淳于髡出使赵国，请求出兵相救。淳于髡出色地完成了任务后，齐威王非常高兴，在后宫陈设酒肴，召请淳于髡饮酒，问他说："先生能够饮多少酒才醉？"

淳于髡答道："我饮一斗也醉，一石也醉。"

齐王说："先生饮一斗就醉了，怎么能饮一石呢？你能把道理说给我听吗？"

淳于髡便讲述道："当着大王之面赏酒给我喝，执法的官吏站在旁边，记事的御史站在背后，我非常害怕地低头伏地饮酒，喝不到一斗就醉。如果父亲有贵客来家，我卷起衣袖，曲着身子，捧着酒杯，在席前侍奉酒饭，客人时常把喝剩的酒赏给我，屡次端着酒杯敬酒，喝不到二斗就醉了。如果老朋友很久不曾见面，忽然间见到了，高高兴兴地讲一些故事，说些情话，大约喝上五六斗就醉了。若是乡里间聚会，男女杂坐，巡行酌酒劝饮，久久流连不去，又作六博、投壶的游戏，配对比赛。握手不受罚，眉目传情不止。面前有坠下的耳环，背后有失落的簪子。我内心很喜欢这种情景，大约喝上八斗酒只醉二三分。饮酒到日暮天晚的时候，一部分的客人已离席而去，于是男女同席，促膝而坐，鞋子混杂在一块，杯盘凌乱不堪。堂上的灯烛灭了，主人留下我而把客人送走。女人的罗襦衣襟已经解开，隐约能闻到香气。这时，我心中最快乐，能喝一石酒。所以说，酒喝得太多就容易发生乱子，欢乐到极点就会感到悲哀。所有的事情都是这样。这也就是说，一切的事情都不可过分，过分了就要衰败。”

淳于髡实际上是用这些意味深长的话来讽谏齐威王。齐威王听罢，很受启发地说：“你说得很好！”于是，他停止了彻夜饮酒的习惯，起用淳于髡来主管诸侯国之间外交的事务。齐王宗室摆酒席宴客，也常让淳于髡在一旁作陪。

晏婴在劝谏时也很讲究说话艺术。在明代曹臣编纂的《舌华录》中，这样记述了晏子劝齐景公戒酒的故事：

齐景公饮酒，七日七夜不停止。弦章看不下去，又没有别的好办法，就劝谏说：“君王饮酒七日七夜，我希望君王能停止喝酒，不然，请赐予我一死。”对此，齐景公左右为难，一时拿不定主意。

当晏子入见时，齐景公告诉他说：“弦章向我劝谏，希望我能停止喝酒，不然，就请赐予他一死。如果听了他的话，停止喝酒，则被作臣子的所制约，不听他的话，我又不忍心让他去死。”

晏子听完后，很机智地说：“真是太幸运了，弦章遇到的是明君您，假如弦章遇到的是昏君桀纣，那早就死了很久了。”

齐景公自然熟悉昏君桀纣贪饮误国的史实，他听了晏子这几句委婉的批评，很受启发，便停止了喝酒。

节日饮酒习俗异

节日饮酒，比较普遍。但在旧时习俗中，哪一个节日饮哪一种酒，或冠以何种名目，却很有讲究。现将常见的几种介绍如下：

1. 春节饮屠苏酒

南朝梁人宗懔《荆楚岁时记》里，曾这样记述两汉六朝江南人过新年的情景："正月一日，……鸡鸣而起，先于庭前爆竹以辟山臊恶鬼。长幼悉正衣冠，以次拜贺，……进屠苏酒。"诗人们对过新年饮屠苏酒的情景也多有吟咏。宋代王安石《元日》中的"爆竹声中一岁除，春风送暖入屠苏"，苏辙《除日》中的"年年最后饮屠酥，不觉年来七十余"，陆游《除夜雪》中的"半盏屠苏犹未举，灯前小草写桃符"，就是其中几例。

屠苏酒，也作"酴酥酒""屠酥酒"；春节饮屠苏酒的风俗，最初流行于中原和长江流域一带，唐宋之后，由于不少中原人被迁谪南方，才在岭南流传开来。

"屠苏"，是一种阔叶草。北周王褒《日出东南偶行》中，有"飞甍雕翡翠，绣桷画屠苏"之句。《通雅·植物》称，孙思邈有屠苏酒方。孙思邈是唐代医药学家，他以屠苏草饰屋，每至腊月赠亲友邻居酒药，嘱咐以酒泡之，除夕饮用，可防瘟疫。其居处称"屠苏屋"，其药方称"屠苏酒方"。

屠苏酒方曾一度失传。其药方配伍有几种说法。明代《遵生八笺》中记载："屠苏方　大黄十六铢，白术十五铢，桔梗十五铢，蜀椒十五铢去目，桂心十八铢去皮，乌头六铢去皮脐，菝葜（bá qiā）十二铢，一方加防风一两（二十四铢为一两）。"这七味药具有健胃、解毒、补气血、祛风寒、下虫毒、活血、止痛等功效，是一种很好的防疫、保健药。

另据《七修类稿》载："今曰酒名者，思邈以屠苏庵之药与人作酒之故耳。药用大黄，配以椒桂，……孙公必有神见。今录方于左：大黄、桔梗、白术、肉桂各一两八钱，乌头六钱，菝葜一两二钱。"

又据李时珍《本草纲目》载："屠苏酒。陈延之《小品方》云：此华佗方也。元旦饮之，辟疫疠一切不正之气。造法：用赤术桂心七钱五分，乌头二钱五分，赤小豆十四枚，以三角丝囊盛之，除夜悬井底，元旦取出，置酒中煎数沸，举家东向，从少至长，次第饮之，药滓还投井中，岁饮此水，一世无病。"

喝屠苏酒时，"从少至长，次第饮之"的顺序颇有意趣。《时镜新书》也载："元日饮屠苏酒，先从少者起。"其含义为新年一到，少年添岁，值得庆贺，故须先饮；老者添岁，益增衰老，故须后饮。唐代诗人顾况感到自己年事老迈，壮志未酬，把希望寄托于下一代，便于《岁日口号》中吟出了这样的句子："还丹寂寞羞明镜，手把屠苏让少年。"宋代诗人苏轼却不服老，在《除夜野宿常州城外二首》中吟出"但把穷愁博长健，不辞最后饮屠苏"的诗句，表达了他不甘心为穷愁所压倒，还希冀自己更长寿些、能大干一番事业的心情。

由于屠苏酒的药方一度失传，又因为药品不易配齐，后来，人们就干脆把年酒统称为屠苏酒了。

2. 端午饮雄黄酒

在民间故事《白蛇传》里，许仙于端午节以雄黄酒给白娘子喝，白娘子酒醉后现出原形，许仙见后魂飞九霄。雄黄也称“石黄”“鸡冠石”，是一种中药材，有解毒杀菌的功效。清人顾铁卿在《清嘉录》卷五“雄黄酒”一则里说：“研雄黄末，屑蒲根，和酒以饮，谓之‘雄黄酒’。又以余酒染小儿额及手足心，随洒墙壁间，以祛毒虫。”民谚云：“饮了雄黄酒，百病都远走。”因此，端午节期间，我国民间流传着喝雄黄酒的习惯，农历五月初五这天，不论大人、小孩都要喝。

可是，现代医学证明，雄黄的成分是二硫化砷，遇热后，分解为三氧化二砷，有很大的毒性，加在酒里，是很强的致癌物，喝后有损身体，重则中毒死亡。所以，应当改掉喝雄黄酒的习俗。至于把雄黄酒洒在阴暗角落，借以毒死蝎子、蜈蚣等，则是有效果的。

3. 中秋饮桂花酒

我国人民饮用桂花酒，历史悠久。《楚辞》屈原《九歌·东皇太一》：“蕙肴蒸兮兰藉，奠桂酒兮椒浆。”朱熹注云：“桂酒，切桂置酒中也。”也有人认为桂酒是用桂花浸制的酒。

桂花酒，也称作“桂醑”。据唐代段成式《酉阳杂俎》称，汉代河西人吴刚，因跟仙人学修仙，犯了错误，被罚在月宫里砍桂树。由于吴刚跟桂树有关系，遂演变成他用桂花酒待客。故而毛泽东《蝶恋花·答李淑一》中有“问讯吴刚何所有，吴刚捧出桂花酒”之说。曹植《仙人篇》云：“玉樽盈桂酒，河伯献神鱼。”也以桂酒为饮料。清朝时，宫廷内酿有桂花陈酒。据《帝京岁时纪胜》中记载：“系于八月桂花盛开季节，选择待放之花朵，酯酿成酒，入缸密封三年始成佳酿……”那时，每年规定只能酿制少许，专供帝王后妃在中秋节饮用。中华人民共和国成立后，以现代技艺酿造、调配的桂花酒，色泽金黄晶亮，花香袭人，能使饮者获得极大的享受。

4. 重阳饮菊花酒

九月九日重阳节，有登高望远、赏菊赋诗、喝菊花酒等习俗。菊花酒，用菊酿制而成。《西京杂记》云：“菊华（花）舒时，并采茎叶，杂黍米酿之，至来年九月九日始熟，就饮焉，故谓之菊华（花）酒。”

饮菊花酒有益健康。据梁朝吴均《续齐谐记》载，东汉恒景从学费长房。某日长房告诉恒景，九月九日恒家有难，并教以避难之法：“令家人各做绛囊，盛茱萸以系臂，登高饮菊花酒，此祸可除。”恒景于重阳日带全家登高，饮菊花酒，避免了一场瘟疫。从此，重九饮菊花酒相沿成俗。文人对此多有咏作。如杜甫《九日登城诗》云：“伊昔黄花酒，如今白发翁。”张说《相州九日城北亭子》诗云：“宁知洹水上，复有菊花杯”。崔曙《九日登望仙台呈刘明府》诗云：“且欲近寻彭泽室，陶然共醉菊花杯。”在民间，《东北人一年里的“三字经”》中，也有“九月里，九月九，费长房，恒景救，登高山，饮菊酒”之句。

5. 除夕饮辞岁酒

“一夜连双岁，五更分两年。”除夕之夜，人们往往饮酒以辞旧迎新。蒙古族风俗中，对喝辞岁酒的形式更为重视。午夜，在欢乐的气氛中开始饮酒进餐，先向长辈敬酒，再向同辈敬酒，互相祝愿新年如意。有些家庭还一边饮辞岁酒，一边听艺人说书。喝辞岁酒时，酒肉剩得越多越好，以示新的一年酒肉不尽，吃喝不愁。

美酒牵线定姻缘

酒可以助兴，《焦氏易林》评论说：“酒为欢伯，除忧来乐。”结婚是喜事，自然免不了“欢伯的助兴”。在我国许多民族的风俗中，从求婚、订婚到举行婚礼，都少不了酒。

在求婚和订婚时，人们往往把酒当作一种聘礼。据《通志》记载，从先秦到汉代，常用的三十种聘礼礼物中，就有清酒和白酒。酒这种具有经济价值的礼物，在聘礼的种类中延续了很多年。过去，在一些少数民族中，还很盛行这种做法。

聚居在黑龙江和乌苏里江沿岸的赫哲族，求婚时，先由男方父亲或叔父等男性长辈带着酒，前往女家，在饮酒时提亲。如果女方父亲同意，再斟酒给女方其他长辈。定亲后，儿子要在父亲的带领下，前往女家拜访未来的岳父岳母。所带彩礼，一般是酒、马、猪和衣服等物。

聚居在云南怒江地区的怒族，求婚时，男方要准备的礼物中，有白酒十碗、米酒两碗和瓷碗一个，由媒人送至女方家中。如果女方父母同意，就立即将男方送来的白酒倒出来，与媒人共饮。

满族提亲有一个特别的规矩：媒人去女家说媒时，必须从男家带去一瓶酒，而且要连去三次，女家才肯开口，所以流行一句话，叫作“成不成？三瓶酒”。

甘肃西部的裕固族，男女青年经过自由恋爱后，男青年往往说服父母去请媒人，由媒人带着酒到女方家说亲。女方家若同意，就收下媒人带来的酒。接着，双方再次请媒人互换美酒和哈达（表示吉祥的白绸）。

居住在四川省茂汶、汶川等县的羌族，聘礼很重，其中就包括酒。婚前，男方派人去“催婚”时，还必须带去十几斤好酒送礼，否则女方家就不开口说话，所以这种礼酒被称为“开口酒”。

苦聪人说亲，是由媒人带着男子亲手猎获的一个标鼠，还有松鼠干巴和两瓶酒。其习惯是，如果女方父母同意，就吃松鼠干巴和酒；若不同意，则不收礼。在男方所送的三种聘礼中，也有酒。

生活在云贵高原的布依族，婚俗很奇特，但在定亲时也少不了酒：由男方老人选好一个吉祥之日，提着一坛酒、一只雄鸡、两斤糖，前往女方家订婚。

在云南勐腊瑶族保留的古老求婚习俗中，有这样的做法：男方家请两个男媒人带上两葫芦米酒和一些猪肉，前往女方家求婚。媒人将酒和肉挂在女方家篱笆上。女家若是同意，便收下酒肉，一年后即举行婚礼；若是不同意，便寻找机会，偷偷地用针刺破葫芦，让里面的酒流光。

把酒作为求婚和订婚礼物之一的事例，还有不少。而把饮酒作为婚礼内容的习俗，则更加普遍。

不同的地区和民族，在喝喜酒的习俗中，又各有自己的讲究和特点。

汉族的婚礼程序中，自古以来有一个重要的项目，叫作“合卺”之礼，就是新夫妇进洞房后，要共饮合欢酒。上古时饮合欢酒，用的就是把匏分成两个瓢的酒杯，叫作“卺”，新夫妇各拿一个来饮酒。《礼·昏仪》中，就有“共牢而食，合卺而酳”的记载。“合卺”，又称“合瓢”，如《魏书·临淮王附元孝友传》中所说：“又夫妇之始，王化所先，共食合瓢，足以成礼。”至于为什么要以匏作瓢，清代张梦元《原起棠抄》中是这样说的：“婚礼合卺用匏，……用匏有二义，匏苦不可食，用之以饮，喻夫妇应当同辛苦也。匏，八音之一，笙竽用之，喻音韵调和，即如琴瑟之好合也。”由此看来，“合卺”之礼有两层含义：一是新夫妻从此以后要同甘共苦，二是新夫妻应当如琴瑟和谐相处。后来，匏瓢被普通酒杯代替，也叫饮“交杯酒”。饮“交杯酒”的形式各异。有的是用一条红绳系住两只酒杯，斟满酒后，新郎新娘各端一杯同时饮酒，饮半杯后，再交换酒杯，一齐饮干。也有的是新夫妻各端一杯酒，男女左右交臂同饮。饮“交杯酒”，是新夫妇开始一起生活的标志，所以在婚礼中受到重视。

满族也曾有过近似汉族“合卺”之礼的习俗。到了结婚吉日，新郎把新娘接回家后，当晚在男家室内放一张桌子，桌子上放两把酒壶和两个酒盅。在亲友和族人面前，新郎要给新娘斟酒。同时，新娘也要给新郎斟酒，两人还要手挽着手，绕桌三圈，边走边饮。

台湾岛高山族举行婚礼，全族的男女老少都聚在村落广场，大家尽情地喝酒、跳舞，以示庆祝。新婚夫妻则要喝“连杯酒”，即在同一块木料上挖制两只酒杯，新夫妻一个人用左手，另一个人用右手，双双抬杯共饮，以表示亲密无间和同心同德。这种风俗，也与汉族婚礼上的“合卺”类似。不过，所有来参加婚礼的人，都要喝这种连杯酒。

白族的新婚夫妇进入洞房后，要由一对预先选定的有福气的中年夫妇，端来一壶放有辣椒面的喜酒进入洞房，斟满两杯叫新人共饮。然后，把这壶酒端出来，让每一个在场的人，包括小孩，喝一小杯。因为“辣”字与白族的“亲”字同义。喝此辣酒，表示祝福新婚夫妇亲密无间，永远生活在一起。

聚居于云南北部贡山地域的独龙族人，在婚礼中要举行喝“同心酒”的仪式。当婚礼开始后，双方父母勉励新郎、新娘要互相关心，勤俭持家，并递上一碗米酒。新郎、新娘接过酒后，当着来宾向父母表示：一定听从长辈的教诲，白头偕老。接着，在欢乐的气氛中，新婚夫妇互抱肩膀，脸腮相贴，捧起酒碗，同饮而干。于是，两颗心被一碗酒紧紧地连在了一起。

居住在滇西北高原上的摩梭人（纳西族的一个支系），在举行婚礼仪式时也离不开酒。迎亲之日，当新娘被接到男家后，在鼓乐声中，由一名德高望重的男长者主持祭锅庄，念祝词，并往新郎、新娘眼睛上擦酥油，意为祝愿夫妻长命百岁，白头偕老。接着，新郎、新娘双双要吃羊肾，并共饮一杯酒，意为夫妻一条心。

在婚礼上，新郎、新娘除了“共饮”外，也有“赛饮”的。如聚居于西藏墨脱县内的门巴族，就有一项新郎与新娘比赛喝酒的有趣仪式，具体做法是：由宾客送给新郎、新娘各一碗酒，要他们对饮，并比赛看谁喝得快。据说，谁先喝完这碗酒，谁今后在家中的权力就大。

在婚宴上，新郎、新娘还常“敬饮”。新婚夫妇热情地为宾客敬酒，会激发更多的欢声笑语。在彝族人的婚礼中，是由新娘、新郎一个提壶斟酒、一个捧杯敬酒，从长辈到客人都要一一敬到。

在敬酒时，还有其他一些讲究。例如，以重礼仪而著称的达斡尔人，在婚俗中讲究敬“双杯酒”。结婚的前几天，男方要携带酒和肉到女方家认亲。认亲也叫“端盅”。两个家族的全体成员都要到齐，由媒人带着未婚的男女，按照长辈的顺序逐一敬酒。敬酒的方式是：未婚夫妻端着一个装有两只酒杯的盘子敬酒，俗称“双喜杯”，或叫

“双杯酒”。未婚夫妻把斟满酒的“双喜杯”敬给谁，谁就得一饮而尽，以表示祝贺一对新人幸福美满之意。结婚这天，也要安排敬“双杯酒”。

在新疆地区，讲究礼仪的锡伯族人、擅长渔猎的俄罗斯族人、能歌善舞的维吾尔族人和善于游牧的哈萨克族人，婚礼上的宴饮活动也十分热烈。锡伯族的新郎和新娘，不仅要向父母、亲人和宾客们敬酒，而且要互相敬酒。

在喜庆的婚宴上，宾客们总是要在热烈的气氛中，一起痛饮美酒。有的民族按照风俗，宾客们喝喜酒的时间相当长，昼夜不断。例如，居住在西双版纳的傣族人，在喜宴开始后，参加吃酒席的来客要放开肚皮，开怀畅饮，而且别具一格的是：喝醉了，可以顺势往旁边一倒，躺在地板上呼呼大睡，醒来后，要继续喝酒，中途不得退席。这样的场面，要持续三天三夜！

喜宴常伴祝酒歌

有酒便有歌。在美酒如海的婚礼上，酒歌似潮，令人心醉。这种场面，往往见之于一些能歌善舞民族的婚俗之中。

婚礼酒歌，活泼有趣，丰富多彩。

有的婚礼酒歌，具有固定词调。例如，在湖南城步苗族自治县和广西龙胜苗族自治县一些地方，迎亲时在女方家中所唱的酒歌，就有固定的曲调和成套的歌词。这套酒歌，由男女双方各请一名歌郎来唱。全套酒歌共360行，15000多字，包括九个部分：

一为“拦门歌”，男女双方歌手在女方山寨门口对唱，互陈自谦和感谢之辞。二为“十切”，双方在歌堂对唱十段，反映本寨本族风俗习惯。三为“幺爷进地”，叙述苗族族源与迁徙过程。四为“结亲路”，叙述苗族婚姻的根源与范围。五为“三代根基”，介绍新郎新娘祖宗三代的基本情况。六为“凤亲”，介绍结亲的原因和大致过程。七为“过定”，双方歌手以长辈口吻，对新婚夫妇给以教导。八为“谢主家”，男方歌手向女家致谢意。九为“龙船歌”，这是最精彩部分，在唱这套酒歌时，歌手每唱完一段，大家就跟着和声而唱，声音悠扬悦耳，场面热闹非常。一般要唱一天一晚。唱完酒歌，迎亲队伍便领着新娘子，唱着辞别的歌谣欢笑启程。

有的婚礼酒歌，采用对唱比赛。如在壮族风俗中，凡村里有婚娶，伴送新娘到夫家的姑娘们与前来贺婚吃喜酒的男青年相会，在主人家中对歌，谓之“起歌台”或“起歌亭”。歌唱的内容，包括相见、催请、查问、赞美（亦不乏讥讽、笑骂）、定情、分离等方面。有时，直唱至通宵达旦。现仅录男女对唱各一小段，以供欣赏。

男：你会唱歌莫用推，
你会喝酒莫辞杯；
林中百鸟来相会，
难得同唱这一回。
女：百菀树头百鸟落，
阿妹还是嫩嘴雀；
百处歌圩妹走过，
如今又向哥来学。

再如，海南岛黎族人婚礼上的酒歌，也以对唱的形式飞扬。对歌是按程序进行。必须是在大家喝喜酒到正酣时，借着酒兴，放开歌喉，歌唱美好的生活。首先，要由男方的长辈起个酒令，然后，大家你唱一句，我答一句。所唱内容广泛，歌声悦耳动听。

再如，居住在西双版纳密林中的僾（ài）尼人（哈尼族的一个支系），在迎亲时很讲究饮酒对歌。新郎所请的男、女老人对歌能手，各带一队人马，一起来到女方家接亲，与女方家请来的宾客热情会面，互相祝贺，接着就在竹楼上席地而坐，大碗敬酒。在饮酒的过程中，男方的迎亲人员便向女方的人们对歌盘问。双方都是由最能对答的歌手出面挑战。迎亲的歌手如果唱输了，就要拖到傍晚才能把新娘接出寨门。新娘迎进家门后，参加婚礼的男女老少还要轮流敬酒，边唱边喝，从深夜直到天明。

又如，侗族人在迎亲仪式上也要饮酒对歌。在酒席上，作为贵宾的接亲人员，喝过一牛角酒后，要唱歌谢赠主人，先唱六至八对。每对歌，是指内容相同、声调韵律不同的两首歌。在接亲人员唱八对歌时，主人不作回答。唱八对以后，主人才开始回答。此后，就是一唱一答，边唱边喝，直到半夜。半夜时，要安排一次换席。随后，接亲人员又来喝酒对歌。

有的婚礼酒歌，十分诙谐可乐。散居在东南沿海一带的畲族，在举行富于诗意的婚礼时，有一项仪式叫作“调新郎”，也叫“答歌”。做法是：新娘家迎入新郎后，立即准备酒筵。不过，开始时，酒桌上并无一物，要待新郎唱歌来要，要什么，唱什么。要酒，则唱“酒歌”；要筷子，则唱“筷歌”……每样物品都有它的歌。新郎唱一首，厨师和一首，一唱一和，新郎所要的东西就应声而来，摆满一桌。吃完酒饭，新郎又得一首一首地唱，把酒桌上的东西一件一件地唱回去，厨师也唱着歌上前收取。

再如，在彝族人的婚礼中，唱酒歌也很富有戏剧性。接亲的日子，男家要请两位能说会唱的歌手，协助男方家的兄弟去接亲，而女方家也要找来寨子里最会唱歌的媳妇和姑娘，请她们到寨子边搭起的三道彩门前，迎候接亲的客人。当接亲的人以正确的答歌通过彩门、来到新娘家门口时，这里早已摆好了一张桌子和一盆水，桌上放着一杯水、一杯酒。如果接亲的人到此回答不上，就要用盆里的凉水淋；回答对了，就请他喝掉杯中的美酒。而聪明的使者是先端水漱口后才喝酒的，要是先去端酒喝，人们便会笑他嘴馋。客人进了堂屋后，主人要摆出丰盛的酒宴来招待，并且请客人坐在中间。主人家请来的歌手，便在客人的身后继续唱歌，一是祝酒、助兴，二是为了考一考客人的本领。唱对了，大家可以开怀畅饮；唱错了，不仅喝不成酒，还要被调皮的姑娘抢走筷子，甚至受到姑娘们的奚落。新娘离家的前一个晚上，寨子里的女友都要来唱歌送行，这种仪式叫“克伍克左”。新娘和长辈坐上首，嫂嫂、姐姐坐下首，新娘坐在左边的草席上，右边是接亲的客人。唱歌时先由姑妈或长辈开口，嫂嫂、姐姐接着唱。各唱三首后，姑妈及长辈起身拿出手帕边唱边舞。这时，新娘的哥哥便背着新娘，跟着人们绕桌子边走边唱，然后送出大门，到院子里同亲友们见面。亲友们在热烈的气氛中唱起酒礼歌，小伙子、姑娘们便跳起“阿素”（也有的称“阿妹克”），人们组成一个长队，由领头的人在前挥舞着帕子，大家跟在后面边舞边唱。

有的婚礼酒歌，充满祝愿之意。如在蒙古族成套的《婚礼歌》中，就有《祝愿歌》。在婚礼上常唱的祝愿酒歌的词句有：

肥羊美酒摆满了筵席，
举起酒杯向天致意，
为主人的良辰吉日，
我拉响马头琴的音律。

十方宾客坐满了酒席，
唱婚礼歌是祖先传下的规矩，
九九礼呀换上九九韵，
为的祝贺主人万事吉利。
拿灰炭的手，脸会抹黑，
跟坏人结亲满身污泥，
拿木炭的手，脸会擦脏，

跟坏人成婚道路崎岖。

肥沃的牧场草儿绿，
跟好人结亲终日欢喜，
清水池里莲花美，
跟好人成婚马生双翼。

宴席上摆满了羊脂美酒，
团团围坐着朋友亲戚，
让我们载歌载舞尽情欢乐，
让我们高举酒杯向主人致意。

再如，在隆重的藏族婚礼上，除了载歌载舞助兴外，还有专门的歌手唱歌敬酒，内容极其丰富，可以连续唱几天几夜，其中的祝愿酒歌也唱得非常动人。现从尕藏才旦翻译整理的《婚礼祝福歌》中，摘录几小段如下：

甘露酒香溢草原！
这是白龙江畔的米果酒，
这是东海岸的香谷酒，
这是吐鲁番的葡萄酒，
这是卡哇坚的青禾酒，
这是民族团结的友谊酒，
这是祖国繁荣的报春酒。
喝下吧，请喝下，

这醇香美味的好酒！

这是老人们的益寿酒呀，

这是年轻人的长智酒。

九十九岁的老人喝了它，

会像十九岁的小伙般年轻；

十九岁的小伙喝了它，

会像九十九岁的老人般聪明；

六十岁的大婶喝了它，

唱出的歌儿羞煞百灵鸟；

十五岁的姑娘喝了它，

欢腾起舞到云中！

大人小孩喝了它，

东倒西仰笑不停。

它真是姐嫂们的助兴酒呀，

它真是满座贵客的欢乐酒！

高高捧起这又醇又香的美酒，

我向父母般的苍天弹扬三滴。

……

敬罢苍天我再敬云空，

云空里驰骋着银色的玉龙。

……

第三杯酒我敬奉大地，

大地上有丰美的草场。

……

敬罢天地日月星辰，

我请远道光临的客人干杯！

……

第五杯呀，我献给、

献给上席的父老们。

……

最后一杯酒啊，

请新婚夫妇一饮而尽！

幸福的结合啊，

就像骏马备上了金鞍；

就像奶茶放进了冰糖；

就像宝刀加上了钢刃；

给理想插上翅膀吧，

生活将会又甜又美，

喝吧，请诸位高举起酒碗，

喝下这醇香的美酒！

三十颗螺牙啊会更伶俐，

黑亮的眸子啊会更炯锐，

灵巧的舌尖啊会更善言，

欢乐的宴会啊会更圆满！

除了上述几类外，还有以情歌、赞美、劝饮等项为内容的婚礼酒歌，这里不再一一赘述，而是仅将藏族婚礼酒歌中的《酒坛赞》录出，作为一个优美动人的尾声：

酒坛又美又新，
镶嵌着金丝花纹，
品德比金子还珍贵，
请你开怀畅饮。

酒坛又美又新，
镶嵌着玉石花纹，
相貌比玉石还明亮，
请你开怀畅饮。

酒坛又美又新，
镶嵌着海螺花纹，
心地比海螺还纯洁，
请你开怀畅饮。

各族酒曲情意深

《珞巴族古歌》中，有这样几句歌词：

酒会要唱歌，酒醉歌儿多。
姑娘举杯酒，助我来唱歌。
篝火烧得旺，越唱越快活。

这几句用民间古调演唱的歌词，反映了珞巴族人聚会饮酒和敬酒劝歌的习惯。这种习惯，在我国其他一些地区和民族中也不少见。有的地方，唱酒歌酒曲的现象十分普遍。例如，位于内蒙古鄂尔多斯市毛乌素大沙漠的居民中，就流行着唱酒曲的习俗。

他们唱的酒曲，分为爬山调、二人台调、信天游调和乌兰牧骑调等几种曲调。当地的老头儿、老太太、大姑娘、小伙子，都爱听爱唱。还有的地方，唱酒歌酒曲历来被作为重要的文化活动。

酒歌酒曲的种类很多，数量很大。酒酣而歌起，唱曲以佐饮，人们以内容丰富的酒歌酒曲助兴，既满足了娱乐的需要，也表达了深厚的情意。

有些酒歌酒曲，表达了会聚的喜悦。例如，在《门巴族酒歌》中，就有曲调欢快，明朗，偏于抒情的《欢聚》一歌：

智者贤良啊来自四方，
今天欢聚啊同坐一堂，
金子灿灿太阳般的美，
聚欢之乐胜过金子闪光。

沸腾的方屋啊火烈情浓，
欢乐的太阳啊心中起升，
举觞痛饮吧恩重的双亲，
欢歌起舞吧亲密的朋友。

高举玉觞吧满饮三杯，
放开音喉吧高唱酒歌，
欢乐的歌儿尽情地唱，
心中的话儿尽意地说。

痛饮美酒吧今晚最香，
倾吐心音吧奉献衷肠，
有酒不饮又待何日醉？
有话不说又待何日讲？

良辰美景啊何时能再来？
亲朋挚友啊何地再相聚？
愿今日相聚永不分离，
愿明年今日重逢此地。

有些酒歌酒曲，表达了劝酒的热情。例如，爱喝青稞酒的藏族人，在劝酒时非常热情。他们对汉族兄弟的感情尤为真诚，一见有汉族客人，就招呼坐下喝酒。如果客人推辞不喝，他们就举着杯子对客人唱歌劝饮。可是分手时，却谁也不知道对方叫什么名字。

再如，蒙古族人热情好客，对来访的远客，常常要敬以马奶酒。他们在敬酒时，要先唱一首热情的歌，歌词因人而异，很有分寸，用以表示欢迎或歌唱友谊，气氛至为亲切。如在1963年9月，当记者们赶到新疆巴音布鲁克草原的牧民中采访时，就受到这样的礼遇。他们随意掀开一个毡房的门帘，躬身走了进去，挤满毡房的主人和客人，立刻把他们拥到正中铺着精致地毯的客座上。接着，就有两位穿着对襟锦绣长袍、发辫上绾着银饰的女社员，唱着歌来到他们面前。其中一位齐眉高举一海碗浓白芳醇的马奶，另一位左手帮着右手平托一杯香气四溢的酪酒，躬身递了过来。

> 呃——
> 远方来的亲人，
> 让我们为草原的未来，
> 喝干这芳醇的马奶，
> 让我们为繁荣的祖国，
> 喝干这浓烈的酒浆。

在这充满激情的祝酒词面前，怎么能够推辞呢，他们便喝干了马奶和马奶酒……

再如，毛乌素大沙漠的居民，为了让客人多饮酒，会兴致勃勃地唱出一支又一支酒曲：

大红公鸡毛毛腿，
请客人尝尝这盅辣椒水。
羊羔羔吃奶两腿腿跪，
自家的烧酒喝不醉。

按这里的规矩，主人唱一支酒曲，客人就应当饮一杯酒。不必担心主人唱着唱着就没有词了，他们的酒歌内容丰富，而且可以即兴编唱。当客人放下酒盅时，主人就会有针对性地编唱出一串朴实风趣的劝酒曲：

四十里沙梁梁赛走马，
你不端盅号不发。

三畦畦白菜两畦葱，
赶紧喝完腾腾盅。

当然，主人并不是有意要把客人灌醉，当发现客人确实不能再喝时，也就不再劝酒。接下来，主人唱的酒曲内容就会转换为其他方面。

又如，门巴族人也常以歌曲劝酒。他们的《劝酒歌》，善用比喻和夸张，优美动人：

南方印度的竹器酒杯，
黄铜镶包的竹器酒杯。
看在黄铜镶包的面上；

亲人啊，请你喝上一杯。

北方藏区的瓷器酒杯，
松石镶边的瓷器酒杯。
看在松石镶边的面上，
亲人啊，请你喝上一杯。

家乡门隅的木器酒杯，
银子镶边的木器酒杯。
看在银子镶边的面上，
亲人啊，请你喝上一杯。

有些酒歌酒曲，表达了赞美的情感。这类酒歌酒曲，内容极为广泛，凡家乡建设、日常生活、特产风味、山水草木、深挚友谊，等等，无不涉及。例如，有一支赞美家乡的酒曲这样唱道：

贺兰山的大米澄口的瓜，
后大套的绿豆芽芽双手抓，
霍洛采当的羊肉条条房檐上挂，
你说这一带繁华不繁华。

再如，有一支酒曲这样赞美了党的政策：

满山牛羊满山山马，
政策落实富万家。

白灵灵雀儿花翅膀，
谁心里不像吃了蜜糖糖。

又如，也有赞美军民鱼水情的酒曲：

大红米子红果果，
今日要比昨日多。
满村村榆树都有根，
致富不忘解放军。

有些酒歌酒曲，表达了男女的爱慕之情。这一类酒歌酒曲，犹如一条条红绳，把一对对青年男女的心系在一起。例如，侗族青年男女在喜庆酒宴上所唱的酒歌，就是情歌。现录其一段酒歌，名为《情意胜浓酒》：

你左我右两只手，
各端起一杯酒。
就像走路一样，
要用两脚走。
我俩手拉手，
都喝下这杯酒；
今后日子长远，
永远记住这个时候：
情意啊，胜过浓酒。

有些酒歌酒曲，表达了对知识的渴求。此外，还有些其他类型的酒歌酒曲，也为数不少。

酒歌酒曲，佐饮助酣，情趣盎然，令人赞叹。

酒毒损人须解醉

饮酒宜适量，醉酒应解醒，以减少酒毒对身体的损害。

据《史记·扁鹊仓公列传》记载，齐国太仓县令淳于意，年轻时就喜好医术，后经名师传授，为人治病，诊断生死，多能应验。当君王下诏书询问仓公为人治病死生应验的情况时，仓公列举了许多病人，其中就有几个饮酒致病的例子。如齐国侍御史成得了头痛病，请仓公诊断。仓公诊完脉后，告诉成的弟弟昌说：“这是疽病，从肠胃之间发出的，五天以后会臃肿起来；再过八天就会吐脓血而死。”成的病是醉饱后行房事造成的，果然过了八天便死了。

再如，齐国的中尉潘满如得了小腹痛的病，仓公诊完他的脉说：“遗留腹中的气体，积聚不散而成瘕痛。”他的病，是因为酒醉以后行房的结果。过了二十多天，他便如仓公所料，尿血而死。

又如，故济北王的奶妈说自己的足下发热，心中烦闷，仓公告诉她说：“是热厥。”她的病，是因为喝酒大醉而引起的。于是，仓公就在她的足心取穴施针，左右各刺三针。出针时，用手按住穴孔，不使之流血。不久，她的病就好了。

仓公还曾为安阳武都里的成开方诊过病。起初，成开方说自己没有病。仓公告诉他：“是苦沓风的病，三年以后，四肢会不听指挥，而且使人喑哑无音，喑哑了就会死。”他的病，是因为好几次喝酒之后，吹了大风而引起的。

这些事例，既表明了仓公淳于意的医术十分高明，也显示了酒毒所致的疾病极为复杂。

在古代书籍中，还记载了许多与饮酒有关的其他病例。其中，有的病症十分稀奇。如冯梦龙《古今谭概》中，就讲到秘书丞张锷因嗜酒而患的一种怪病：从身子中间分成两半，左半边常常苦寒，右半边常常苦热，虽然是盛暑，或者隆冬，他所穿着的袜裤都不得不一半边用棉，一半边用绸。碰上这样的疑难病症，即使是名医，也不得不费一番脑筋。

汉代著名医学家华佗，在诊断与治疗酒毒方面也很有经验，并在撰著过程中阐述过“酒之发酵，足伤肺翼，害肠，唯葛花可解”的观点。在《三国志·魏书·方伎传》中，记载有华佗劝阻严昕饮酒的故事。严昕是盐渎地方人。有一次，严昕同几个人在一起饮酒，正好誉满四海的名医华佗来到此地。华佗对严昕说：“您有疾病急性地表现在面部，请不要饮酒了，多饮酒则不易治疗。”可是，严昕不信服华佗的话，又举杯饮酒。严昕喝酒后，在回家的路上，突然头晕目眩，从车上掉了下来。他被人扶着坐上人推车回到家后，经过一宵而死去。

这个故事也说明，饮酒过量而中毒后，会显示形色于脸部，按现在的说法叫作“酒精中毒面容”，还说明讳疾忌医会带来严重的后果。酒精中毒后，不仅会像严昕那样“头晕目眩”，还会出现不少其他症状，如兴奋话多、粗鲁无礼、恶心呕吐，或语无伦次，烂醉如泥，严重的可导致死亡。因此，一旦饮酒过量，就应及时采取解酒措施。

清代李汝珍《镜花缘》第九十一回中，写有一段关于解酒的对话。在众位才女行令饮酒的过程中，玉芝向掣了“药名双声”之签的潘丽春提了一个问题：“请教姐姐，假如今日多饮几杯，明日吃甚么可以解酒？”潘丽春回答说：“葛根最解酒毒；葛粉尤妙。此物汶山山谷及澧、鼎之间最多。据妹子所见：唯有海州云台山所产最佳，冬月土人采根做粉货卖，但往往杂以豆粉；唯向彼处僧道买之，方得其真。”据说，李汝珍曾经做过医生。这一点虽然无可考证，但从他的作品《镜花缘》中所载的一些药方来看，他即使没有做过医生，至少也是懂得医药的。他通过小说中的才女之口，对葛根解酒功效所发的议论，是符合医理的。

中国传统医学中，有一个古方叫“酒仙乐”，又名“解酒灵”，由人参、天麻、黄连、黄檗、黄芩、葛花、葛根、枳子、元胡、麝香等二十余种中草药配制而成，能清热解毒、滋补解酒。其中的葛花、葛根、枳子，在解酒方面的功效，一直被人们所赞许。在我国医学古籍，如《太平圣惠方》《世医得效方》《普济方》《医方类聚》等书中，记载有一百多个解酒方剂和戒酒药方，里面就多处提到葛花、葛根和枳子。

葛花，是葛根的花，解酒功效明显。民间相传，“葛花可解万盅酒”。清代康熙年间名医汪昂辑著的《本草备要》中，讲到葛根时说：“又能起阴气，散郁火，解酒毒（葛花尤良），利二便，杀百药毒。”“金元四大家”之一的名医李东垣，以“健脾强胃”立论，被人们称为“补土派”（按中医阴阳五行理论，脾胃属“土”）。他对饮食起居方面的疾病很有研究，曾研究出一个治疗饮酒伤脾的方子，叫作“解醒汤”。他还指出，葛根其气轻清，鼓舞胃气上行，以生津液，又解肌热，为治脾胃虚弱滞泄之圣药，专治酒积，或呕吐，或泄痞、头痛、小便不利。医书中讲，葛根适量捣成汁液，饮酒前适量服下，加倍饮酒而不醉；葛花研末入散剂，饮酒前服，令人不醉酒；葛花水煎成汤，少量呷服，可以解酒醉、酒毒。

枳子，即枳椇子。关于枳子的解酒功效，李时珍《本草纲目》中指出："止呕逆、解酒毒、解中毒。"古医书《证治准绳》，也评论此药可以解酒止渴，清利湿热。民间则相传"千杯不醉枳椇子"之说。更有趣的是，《本草备要》中，不仅说枳椇子可以"止渴除烦，润五脏，解酒毒"，而且谈道："屋外有枳椇树，屋内酿酒多不佳。""其叶入酒，酒化为水。"讲屋外的枳椇子树竟能通过空气而影响到屋内的酿酒，并且叶子能使酒化为水。这种说法可能有些夸张，但"枳椇能胜酒"这一点，还是公认的。医书中就载有此类药方：用枳椇子树枝100克（干品），制成细末，水煎温服，治饮酒大醉。

在解酒方面，不仅医书中载有不少方药，而且民间也有很多经验。两者互为补充，内容丰富。除上面提到的葛花、葛根、枳椇子外，这里本着富有营养价值、有益人体健康、使用简便、疗效较好的原则，选择整理瓜果谷菜等各类食物疗法30种，并略加说明如下：

1. 黑豆。煎成汁液，适量服下，或者频服，治疗酒精中毒。据《本草备要》记载，黑大豆能"镇心明目，利水下气，散热祛风，活血解毒，消肿止痛"。

2. 绿豆。适量，用温开水洗净，捣碎，开水冲服；或者稍煮后再食用。据《本草备要》记载，绿豆"行十二经，清热解毒，利小便，止消渴，治泻痢"。民间多用之。

3. 赤小豆。适量服用。古医书中有药方讲：把赤小豆花与葛花研细，服用少许，可以防止饮酒中毒。据《本草备要》记载，赤小豆"性下行，通小肠，利小便，行水散血，消肿排脓，清热解毒"，

“止渴解酒”。

4. 萝卜。取白萝卜捣汁，饮服；也可在白萝卜汁中加适量红糖饮用。据《本草备要》记载，莱菔（俗作“萝卜）“宽中化痰，散瘀消食。治吐血衄血，咳嗽吞酸，利二便，解酒毒，制面毒豆腐积”。

5. 蔓菁子。适量研细服下。据《本草备要》记载：蔓菁子“泻热解毒，利水明目”。“末服解酒毒”。

6. 冬瓜。清炖冬瓜汤饮用。据《本草备要》记载：冬瓜“寒泻热，甘益脾。利二便，消水肿，止消渴，散热毒痈肿”。

7. 甘蔗。嚼食鲜甘蔗汁，或者榨汁适量饮服，治酒后反应。据《本草备要》记载，甘蔗“和中助脾，除热润燥，止渴消痰，解酒毒，利二便。”

8. 鲜藕。适量洗净，捣碎取汁饮服。据《本草备要》记载：藕能“解热毒，消瘀血”，“止渴除烦，解酒毒蟹毒”。“益胃补心”。

9. 食醋。适量口服。或者以陈醋、红糖、生姜片共煎水饮服。也可以将十五克白糖放入三十毫升米醋中，再加少量开水，使白糖溶化后，一次服用。据《本草备要》记载，醋又名“苦酒”，能“散瘀解毒，下气消食，开胃气，散水气”。在民间，用醋解酒醉，是人们爱用和常用的一种方法。现代医理认为，当酒精在肝脏内积存较多，不能完全氧化而生成乙醛时，就会使人头痛、呕吐，如果立即饮用醋，则能使乙醛很快氧化，起到解除醉酒或减轻醉酒的明显效果。

10. 橄榄。青橄榄生吃，或者沏茶喝。据《本草备要》记载，橄榄“甘涩而温。肺胃之果，清咽生津，除烦醒酒，解河豚毒，及鱼骨鲠”。

11. 菱角。适量食用。据《本草备要》记载，菱角“甘寒。安中消暑，止渴解酒”。

12. 西瓜。适量食用。据《本草备要》记载，西瓜“甘寒。解暑除烦，利便醒酒，名天生白虎汤”。

13. 荸荠。适量食用。据《本草备要》记载，荸荠“甘微寒滑。益气安中，开胃消食（饭后宜食之），除胸中实热”。

14. 生梨。适量食用。据《本草备要》记载，梨“甘微酸寒。润肺凉心，消痰降火，止渴解酒，利大小肠”。

15. 柑橘。适量食用。中医认为，柑果性味甘、酸、平、无毒，具有生津止渴、醒酒利尿的功效，适用于身体虚弱，热病后津液不足、口渴，伤酒烦渴等症状，橘子性味甘、酸，具有开胃理气、止渴润肺、提神、醒酒等功用。

16. 橘皮。适量煎水饮用。

17. 金橘。又名山橘。适量鲜食。中医认为，金橘性味辛、甘、温，具有理气、解郁、化痰、醒酒之功，用于治疗胸闷郁结、伤酒口渴、食滞胃呆等症。《本草纲目》记载，金橘“下气快膈，止渴解酲，辟臭。皮尤佳”。

18. 柿子。取鲜柿子数个，去皮食用。中医认为，柿子性味甘、涩、寒，具有清热、润肺止渴的功效。古籍中也记有酒醉后吞食柿子的趣闻。如王弇州《朝野异闻》载，阳城王太宰国光，能喝酒吃肉，喝酒必然喝进三斗。大醉后身上发热，不能升堂办公，便让人端来四十个大柿子，顷刻间吞食而尽。

19. 苹果。适量食用。中医认为，苹果性味甘、凉，具有生津、润肺、除烦、解暑、开胃、醒酒等功用。据《随息居饮食谱》记载，苹果“润肺悦心，生津开胃，醒酒”。

20. 香蕉。适量食用。中医认为，香蕉味甘、性寒，具有清热解毒、利尿消肿、凉血安胎等功效。据古代医书记载，香蕉“止渴润肺解酒，清脾滑肠”。

21. 乌梅。适量食用。乌梅由青梅加工而成。据《本草备要》记载，乌梅性味酸涩而温，“敛肺涩肠，涌痰消肿，清热解毒，生津止渴，醒酒杀虫”。

22. 杨梅。适量食用。杨梅性味甘、酸、温，具有生津解渴、和胃消食的功用，并有“望梅止渴”的成语。据古代医书记载：“杨梅主祛痰，止呕吐，消食下酒。”

23. 菜瓜。又叫越瓜，适量生食。中医认为，越瓜性味甘、寒，具有利小便、解热毒的功用。据古代医书记载，越瓜“利小便，去烦热，解酒毒，宣泄热气”。

24. 地瓜。又叫白地瓜、豆薯、地萝卜等。民间以白地瓜适量捣烂绞汁，加白糖适量调服，治慢性酒精中毒。据《陆川本草》记载，白地瓜“生津止渴，治热病口渴。”

25. 芹菜。挤汁服用，可消去醉酒后的头疼脑胀，颜面潮红。

26. 白菜。将白菜心切成丝，加醋、白糖凉拌，当菜食用。

27. 松花蛋。取1—2个，蘸醋吃。

28. 鲜橙。适量食用。

29. 猪乳汁。人工挤压猪乳房出奶汁，煮沸半小时，适量饮用，日服2—4次，可断酒。此方出自古籍。

30. 狗乳汁。人工挤压狗乳房出奶汁，煮沸半小时，适量饮用，日服2—4次，可戒酒断酒。此方出自古籍。

上述各种方法，可供酌情选用。想必会对偶尔欢聚饮宴、尽兴而醉者有些益处。但是，对那些以酒为命者、自当别论。因为，他们的思维方式常常是以酒为“圆心”，解酒法往往会被他们当作增加酒量的一种招数来运用。报纸上曾刊登过一幅《醉鬼的“福音”》漫画，说“福音”来自一条喜讯：某地“药厂研制成功中药冲剂‘醉醒’，醉鬼将此药吃上一包，应时酒醒”。于是，酒徒们喜不自禁。酒徒们大喜的原因是，有了这种醒酒剂后，他们手中又多了一件“法宝”，可以做到：

大宴小宴心不慌，
一饮百杯有底气。
茅台、西凤、五粮液，
白的干尽来啤的。
天生我材必有用，
解药一来虎添翼。
李白、刘伶俱往矣，
咱领风骚不客气。

确实，对于那些一心想“领风骚”的酒徒来说，不能按常理而论：他们是很难“醉醒”过来的。

泉洌则酒香，富民之家，多至慧山，载泉以酿，故自奇胜。

酒神自古扬美名

文明古国都拥有自己的酒神。关于酒神的传说，为美酒的起源之溯，增添了朦朦胧胧的美感。

中国的酒神，就是中国古代的酒行业神。行业神，又被称为保护神，一般是本行业的祖师，是从业者供奉以求保佑本行业利益的神祇。据文献记载，在隋唐之前，中国酒行业就已开始供奉崇拜保护神。

古代的酒行业保护神，不止一个。名列其中的，主要有仪狄、杜康、刘白堕、焦革、葛元等人。

仪狄，传说是夏初大禹时代的名人。《世本》曾载："仪狄始作酒醪。"《战国策·魏策二》也载："昔者帝女（令）仪狄作酒而美，进之禹，禹饮而甘之，遂疏仪狄，绝旨酒。"就是说，仪狄按照大禹女儿的吩咐造出美酒，献给大禹，大禹喝了感到味道甘美，怕以后有人因饮酒误国，便下令断绝这种甜酒。清朝雍正年间，山西朔州有酒仙庙，供奉仪狄。

杜康的名气要比仪狄大得多。长期以来，杜康是酒业供奉较普遍的行业神。他被奉为酿酒始祖，不仅在各种文史资料中记载最多，而且在民间得到最广泛的认同。《博物志》云："杜康造酒。"民间流传着这样的说法：木匠敬鲁班，铁匠敬老君，造酒的敬杜康。

传说杜康是2500年前的周朝人。《说文·巾部》记载："古者少康初作箕、帚、秫酒。少康，杜康也。"秫，一称黏小米，实为黏高粱。昔有故事说，杜康不做官，是个牧羊人。有一天，他把小米粥装进竹筒里，带着去牧羊。途中，把竹筒遗忘在一棵树下，过了半个月，他赶着羊回来，又在那棵树下找到了竹筒。打开一看，里面的小米粥已经发酵，变成了酒。村里人喝了，都夸这东西好喝。无意中的发明，使他成为当地名人。从此，他改行酿酒，开办酒店，并把酿酒技术传播开来。

还有传说，杜康死后，被玉皇大帝召入天庭，封为酒仙，掌管酿酒事宜。

酒行业供奉杜康，最迟在唐代就已经开始了。唐人李肇所著《唐国史补》卷下记载某刺史巡查江南驿务，"初见一室，署名酒庠，诸酝毕熟，其外画一神。刺史问何也？答曰'杜康'。"唐代嗜酒诗人王绩，也曾在自家房子东南的磐石上立了一个杜康祠，祭祀酒神。

到了宋代，酒业普遍建酒仙庙，供奉杜康，并盛行祭祀杜康的活动。北宋元丰二年（1079），苏州酿酒业建立行会，在横金镇建立酒仙庙，奉祭杜康。时至清代乾隆年间，长沙糟坊业建杜康庙祭祀。山东酒业的传统是在重阳节祭祀酒神杜康。浙江绍兴酒业行会，每年正月祭祀杜康。

酿酒业对祭祀酒神的礼仪十分重视。据《中国民俗采英录》记载，从前的茅台酒坊每当出酒时，老板要在酒坊里供奉"杜康先师之神位"，燃烛焚香，供品有公鸡一只、猪肉一块，祈祷酿酒顺利圆满。

关于杜康籍贯何地，众说不一。河南省汝阳县、伊川县，陕西省白水县，都有建立年代久远的杜康庙。《白水县志》称："杜康，字仲宁，相传为县康家卫人，善造酒。"每年"正月二十一，各村男妇赴杜康庙”祭神演戏，热闹非凡。现在的康家卫村里，有泉一眼，名“杜康泉”，县志说“俗传杜康取此水造酒”。村中还有杜康墓等遗迹。河南的伊川、汝阳二县，民间也有与白水类似的传说和遗迹。《伊阳县志》记载，伊川有“杜水河”，“俗传杜康造酒于此”。《汝州全志》则记载：“杜康趴，在城北五十里，俗传杜康造酒处。”

汝阳县有杜康村，并立有“杜康仙庄”的石刻碑记。相传上古时期，有一妇人在梦中受到神人提醒，为了躲避滔天大水，一直往东逃去。她走啊走啊，一直来到洛阳龙门以南、伊河上游的一条小河旁，再也走不动了，就化作了一株桑树。后来，在这株桑树的树洞里，诞生过商朝有名的大臣伊尹。从此，这棵桑树就成为空桑；空桑旁的小河，因而得名空桑涧。又过了许多年，杜康出世了。他家就在这空桑涧旁。杜康常常把吃剩下的饭倒在这空桑洞里。天长日久，桑树洞里散发出一股浓郁芬芳的香味。后来，杜康就根据这个办法造出了酒。杜康把他造的酒献给皇帝，皇帝饮后，精神振奋，食量大增，心中非常高兴，就封杜康为“酒仙”。杜康的家，也被封为“杜康仙庄”。仙庄旁的空桑涧，又因此改为“杜康河”。

在杜康村一带，还流传着一个动人的神话：杜康当年在酒泉沟造酒时，因酒味直冲九霄，引来八仙喝酒；龙、凤、虎闻香也来争食酒糟。结果，在附近形成了龙山、凤山和虎岭。

至于“杜康酒醉刘伶”的美谈，更是家喻户晓。所谓“天下好酒数杜康，酒量最大数刘伶……饮了杜康酒三盅，醉了刘伶三年整”，讲的就是发生在杜康酒店的传奇故事。

刘白堕，也是古代酿酒名师。明代文学家袁宏道在《觞政》中谈道：“至若仪狄、杜康、刘白堕、焦革辈，皆以酿法得名。”刘白堕与杜康并称“刘杜缸神”。《洛阳伽蓝记》载录：“河东人刘白堕善酿酒……饮之香美，醉而经月不醒。……永熙年中，南青州刺史毛鸿宾携带酒至藩，路逢贼盗，饮之，即醉，皆被擒获。因此复名‘擒奸酒’。游侠语曰：‘不畏张弓拔刀，唯畏白堕春醪。’”刘白堕的酿酒技艺可谓高超。

焦革，是唐朝初年太学府的大乐令史，研究酿酒的配方和工艺颇有建树。焦府家酿名蜚京城，政要贵族名士纷纷求之，得之为幸。唐代文学家吕才《东皋子后序》中评价道：“时太学有府史焦革，家善酝酒，冠绝当时。”明朝夏树芳《酒颠》卷上有“祀杜配焦”条释明：“杜康善酿酒。王无功祀杜康，以大乐令史焦革配飨。”王无功，即唐朝诗人王绩，他祭祀杜康，也配以焦革神位。可见焦革在酒行业的影响之大和在嗜酒诗人心目中的地位之高。另有《醉仙图记》云：“有府史焦革，家善酿酒，冠绝当时。为《酒谱》一卷，李淳风见而悦之。”焦革的《酒谱》，能受到李淳风等高层名士的欣赏，足见并非平庸之作。

在中国酒行业供奉的始祖之中，还有一位：葛仙。学者冯友兰在《孔子在中国历史中之地位》一文中，称士子尊孔如“木匠之拜鲁班，酒家之奉葛仙”。《神仙传》说：葛仙叫葛元，“斩皂角树为杯，以盛酒，酒味益妙”。“葛元为客致酒，无人传杯，杯自至人前，或饮不尽，杯亦不去”。“每行，卒逢所亲，要于道间树下，折草刺树，以杯器盛之，汁流出泉，杯满即止，饮之皆如好酒。又取土石草木以下酒，入口皆是鹿脯。其所刺树，以杯承之，杯至即汁出，杯满即止，他人取之，终不出也”。《晋祠志》载，九月十八日是葛元生日，“酿酒家祭仙翁神于大魁阁上层”。

神话，是远古时代民众集体口头创作的一种文学样式，是以人类早期主观的幻想，把自然力加以形象化和拟人化的产物。在我国极为丰富的神话中，除了杜康等酒仙造酒外，还有许多神仙酿酒的传说。如《魏书·刘藻传》和《太平寰宇记》中，就记载有“曲阿酒”的传说：丹徒有高骊山，有东海之神乘船致酒，欲聘高骊女为妻，女不肯，神拨船覆酒，流入曲阿湖，后来遂以美酒著名。

再如，元代伊世珍《琅环记》，载有“游仙酒”的传说：仙女晓晕能酿“游仙酒”。饮之而卧，梦历蓬莱赤水，遇王乔、王母等一类仙人，采芝为车，驭龙为马，无所不至。又可阅读金书玉简，字字闪烁，多是至言妙道。刚苏醒时，只要不转动身子，还能记住其中的一二策。

马克思曾说过：最好的神话具有“永久的魅力”。各种有关酒神和酿酒的传奇故事，确实为美酒蒙上了一层格外动人的色彩。

自古以来，关于仪狄与杜康等酒仙造酒的传说，总是为人们所津津乐道，而且愈传愈神。不过，酒的发明权属于谁，却说法不一，似乎至今仍没有定论。

酒的起源，是一个复杂而又有趣的问题，历来众说纷纭。宋代窦苹所撰《酒谱》，是一部很有影响的专著。该书在论述“酒之源”时，也坚持了“若断以必然之论，则诞谩而无以取信于世矣”的观点。窦苹指出：“世言酒之所自者，其说有三。其一曰，仪狄始作酒，与禹同时。又曰，尧酒千钟，则酒作于尧，非禹之世也。其二曰，神农本草，著酒之性味；黄帝内经，亦言酒之致病，则非始于仪狄也。其三曰，天有酒星，酒之作也，其与天地并矣。予以谓是三者，皆不足以考据，而多其赘说也。”除上述三者外，窦苹还谈到十分流行的“杜康造酒”观点：“或者又曰：非仪狄也，乃杜康也。魏武帝（曹操）乐府，亦曰：何以消忧，惟有杜康……或者康以善酿得名于世乎？是未可知也。谓酒始于康，果非也。”

还有人认为，酒的发明权恐怕不能由一个人独占，应该说是一种“集体创作”，是几代人长期劳动的结果。关于酒的起源时间，大约可以追溯到5000年以前，因为那时已有粮食贮存。1983年10月，陕西省眉县杨家村发掘出一组新石器时期的陶制酒器，有5只小酒杯、4只高脚杯和一只陶葫芦，有5000—6000年历史。这说明中国最晚在仰韶时期已经用谷物酿酒。

至于起初的酿酒方法，据《古今图书集成·食货典》记载，西晋文学家江统曾在《酒诰》中写过这样的话：“酒之所兴，乃自上皇；或云仪狄，一曰杜康。有饭不尽，委余空桑，本出于此，不由奇方。”即认为煮熟了的谷类食品，丢在空旷处发酵后就会变成酒，而不是由某一位古人所发明的。

古代有些少数民族则用“嚼米酿酒”的方法。在《魏书》《隋书》等大量著作中，都记载有古代少数民族“其酿酒法：聚男女老幼共嚼米，纳筒中，数日成酒”。“人好饮，取米置口中嚼烂，藏于竹筒，不数日酒熟，客至出以相敬，必先尝以后进”。

总而言之，酒的出现，并不是由“神仙制造”，而是始于农业生产，由于谷物发酵。这一点，已被越来越多的人所认可。

有趣的是，时至现代，仍有所谓神仙帮助酿酒的传说出现。如董酒就是这样。董酒产生于著名酒乡贵州遵义市郊的董公寺。汉代的咂酒，宋代的牂牁酒，都出于这一带。董公寺是明代万历年间建造的一座佛寺，原名龙山寺。清代康熙年间遵义兵备道董显忠重修后改为今名，20世纪20年代，有一家程氏酒坊，据传梦中有神仙授予酿酒秘方，酿出美酒，郁香扑鼻，回味甘甜，驰誉云贵川湘，即被称为董酒。其实，董酒之所以优良，一是因为用料讲究，采用了上等原料、上百种药材和清泉之水，二是因为工艺精湛。

酒名美誉与代称

古时候，有的酒店喜欢挂这样一副对联：

尽是青州从事，
哪有平原督邮。

对联的意思是说，我这店里卖的都是好酒，没有劣酒。这种含义，就是用酒的代称表达出来的。

“青州从事”与“平原督邮”，出自同一个典故。据《世说新语·术解》记载：东晋时，大将军桓温府中有一名主簿，很善于鉴别酒的味道，每次府中有了酒，总是先让他品尝。凡是尝到好酒，他就说是“青州从事”；尝到劣酒，就说是“平原督邮”。他之所以要这样比喻，是因为青州有齐郡，“齐”与肚脐的“脐”谐音，意思是喝了好酒可以一直通过脐下，而“从事”又为美职，于是用“青州从事”作为美酒的隐语。平原则有鬲县，“鬲”与胸腹之间的“膈”谐音，意思是喝了劣酒到膈再也下不去了，而“督邮”又被视为贬职，于是用“平原督邮”作为劣酒的隐语。后来，诗人们常在作品中引用“青州从事”，来表达对美酒的称赞。如宋代苏轼的《真一酒》诗中，就有“人间真一东坡老，与作青州从事名”的句子。苏轼的另一首诗《章质夫送酒六壶书至而酒不达戏作小诗问之》中，也有“岂意青州六从事，化作乌有一先生”的句子。至于酒店，为了招徕顾客，当然也乐于把这一典故写入对联，醒目地挂在门前了。

我国的酒类名目繁多。或佐以代称、美誉，或以其酿造的时间、地点、人名、方法、原料、水源命名，或以其味之浓淡、液之清浊、色之轻重取字，可谓洋洋大观。窦苹《酒谱》在谈论“酒之名”时就指出：“其言广博，不可殚举。”并列举了几十种酒名。何剡《酒尔雅》中，也列举了二十多种酒名。这些酒名在用名字上十分讲究，例如：

醑：厚酒也。

醨（lí）：薄酒也。

醥（piāo）：清酒也。

醠（àng）：浊酒也。

酏（yǐ）：清而甜也。

醍：红酒也。

醹：绿酒也。

醝（cuō）：白酒也。

醅（pēi）：未滤之酒也。

醴（lǐ）：一宿酒也。

醪：滓汁酒也。

酦（pō）：重酝酒也。

元鬯（chàng）：醇酒也。

上尊：糯米酒也。

中尊：稷米酒也。

下尊：粟米酒也。

元酒：明水也。

黄封：官酒也。

古人在酒名的称谓上也颇费苦心。如常见的有以“春”代酒。司空图《诗品·典雅》云：“玉壶买春，赏雨茅屋。”“春”者，酒也。酒以“春”为名，大概源于《诗经·豳（bīn）风·七月》中“为此春酒，以介眉寿”之句。唐代盛出文人，也多产名酒，于是出现了很多雅致的酒名，其中尤以“春”取名者为最。韩愈诗句“百年未满不得死，且可勤买抛青春”中的“抛青春”，即是酒名。白居易《杭州春望》中的诗句“红袖织绫夸柿蒂，青旗沽酒趁梨花”，是指酒“梨花春”。杜甫诗句“闻道云安曲米春，才倾一盏即醺人”中的“曲米春”，指的是四川云安县所酿的美酒。窦苹《酒谱》中提到：“唐人言酒之美者，有郢之富水、荥阳土窟春、石冻春、剑南烧春。”李保《续北山酒经》列有：“思堂春酒、春红酒、软春酒。”《酒小史》列有：“荥阳土窟春、富平石冻春、剑南烧春、安成宜春酒、闽中霹雳春、冯翊含春、刘拾遗玉露春、安定郡王洞庭春、东坡罗浮春、范至能万里春。”此外，其他史籍中还记载有“九酿春”“萼绿春”“中山园子店千日春”“成都府锦江春”“合州长春”等等。

常见的还有以“泉”代酒。仅张能臣《酒名记》中就列有二十多种：后妃家高太皇香泉，开封府瑶泉、许州潩泉、郑州金泉、卫州柏泉、陕西凤翔府橐泉，河中府舜泉、陕府蒙泉、邠州玉泉、庆州瑶泉、洪州双泉、苏州白云泉、峡州至喜泉、鼎州白玉泉、韶州换骨玉泉、齐州舜泉、近泉与真珠泉、郓州白佛泉、徐州寿泉、邓州香泉与寒泉、郢州汉泉、唐州泌泉。由此可见用“泉”之多。

以“琼”和“玉”代酒者也不少见。《酒名记》中列有：和乐楼琼浆、仁和楼琼浆、班楼琼波、方宅园子正店琼酥、郭小齐园子正店琼液、隰（xí）州琼浆、梓州琼波、房州琼酥；遇仙楼玉液、建安郡王玉沥、玉楼玉酝、清风玉髓、会仙楼玉醑、河间府玉酝、蛮王园子正店玉浆、洺州玉友、深州玉醅、西京玉液、太原府玉液、成都府玉髓、莱州玉液。“琼浆玉液”是人们赞誉美酒的惯用词语。

又有以“霞”“露”“光”“波”“鸭绿”等代酒。宋人杨万里《生酒歌》云：“坐上猪红间熊白，瓮头鸭绿变鹅黄。”诗句中的“鸭绿”即为酒。

以人名代称的酒，给人以很强的感染力。常见的有杜康酒、文君酒、刘伶醉、太白酒、白堕酒等。窦苹《酒谱》据北魏杨衒之《洛阳伽蓝记》撰述：“河东人刘白堕善酿，六月以瓮盛酒，曝于日中，经旬味不动而愈香美，使人久醉。朝士千里相馈，号曰鹤觞，亦名骑驴酒。”宋代叶梦得《避暑录话》认为：“白堕酒当时谓之鹤觞，谓其可千里遗人，如鹤一飞千里。或曰骑驴酒，当是以驴载之而行也。”后人以“白堕”代酒，宋代苏辙《次韵子瞻病中大雪》诗中，即有“殷勤赋黄竹，自劝饮白堕”之句。

此外，酒还有许多雅号。例如：

“天禄大夫”。这是酒的官职封号。据宋代陶谷《清异录》记载，王世充僭号，谓群臣曰：“朕万几繁壅，所以辅朕和气者，唯酒功耳，宜封‘天禄大夫’，永赖醇德。”后来，便有人以“天禄”作酒名，“河中府天禄”即其中一种。

“太平君子”。这是葡萄酒的名号。据《清异录》记载：“穆宗临芳殿赏樱桃，进西凉州葡萄酒，帝曰：‘饮此顿觉四体融和，真太平君子也。’”

“金浆醪”。据《西京杂记》载，梁人名酒为“金浆醪”。

“醴泉侯”。这是酒的所谓“封爵”。唐子西著《陆谞传》，把酒当作人来加以叙述，作成传记，说他的封爵是“醴泉侯”。

“般若汤”。这是和尚对酒的称谓。和尚是不许吃酒的，喜欢喝酒的和尚只能偷偷地喝。因为不敢说是酒，就把酒叫作“般若汤”。据《墨庄漫录》记载，此称谓的来历，与一僧人所讲“某常持般若经，须倾此物一杯”有关。

此外，酒还有“欢伯”“黄娇”“圣人”“贤人”“郎官清”“玉友”“养生主”“齐物论”“金盘露”“椒花雨”“魔浆”“迷魂汤”等别号，难以尽述。

卓氏当垆笑夫君

“临邛一壶酒，能遣长卿愁”，这是唐人方千在《送姚舒下第游蜀》一诗中，借用司马相如与卓文君开设临邛酒店的典故而写成的诗句。司马相如，字长卿，四川成都人，是西汉著名的辞赋家，曾入京做官，一度家道衰微，穷困到无以为生。此人生性好饮，传说他曾一手提着酒壶，一手拿着鹔鹴（sù shuāng）裘，用衣服换酒。关于他的临邛赴宴、与文君夜奔和店前卖酒等故事，长期以来被传为佳话。

据《史记·司马相如列传》等史料记载，相如一向与临邛县令王吉交情不错，后来便来到临邛，住进县城边缘的一座小亭中。临邛县令常慕名拜访相如。临邛的财主很多，像卓王孙就有家童八百人，程郑也有数百人。有一回，这两个大财主商议：“听说县令有位贵客，我们备桌酒席把他们一并请来如何？”

请客这一天，客人到了一百几十人。当相如入席时，在座的客人无不被他的风采所倾倒。酒菜酣饱时，临邛县令亲自把琴瑟送到相如面前，说：“听说长卿精于此道，愿闻一曲以助兴如何？”相如便拨弄了一两首曲子。卓王孙有个女儿名叫文君，才死了丈夫不久，对琴瑟也是内行。相如就趁机借琴音以拨动文君的寂寞芳心。而文君则早已躲在窗后窥看和听琴，并对相如产生了好感。酒宴结束后，相如托人用重金买通了文君的侍者，传达了倾慕之情。文君果然趁夜离家，与相如私奔。相如急忙带她回到了成都。卓王孙知道女儿私奔后大为震怒，连一分家产也不肯给她。

相如与文君在成都难以度日，文君便提出："长卿啊！只要回到临邛，向亲戚借贷也能维持生活，何必过这样的苦日子！"于是，夫妻双双回到了临邛，把车骑统统卖掉，买了一家酒馆。从此，文君亲自当垆，在店堂前卖酒，相如则穿了条"犊鼻裈"，亲自和酒保、佣役在一块儿打杂，在大庭广众前洗涤碗盘。卓王孙知道后，觉得丢尽面子，连家门也不敢出。后来，在有些亲属、长辈的劝说下，卓王孙才不得已给了文君一百多个童仆、一百万两钱财，以及一些嫁妆细软之类的物品。于是，文君与相如停止了在临邛酒店的卖酒行业，回到了成都。

此后，临邛酒店闻名遐迩，"文君当垆，相如涤器"的故事越传越广，几乎老幼皆知。后世也常用"当垆文君""当垆卓女""文君送酒""文君沽酒""文君酒""临邛酒""临邛杯""临邛卮""卓氏垆""卓家垆""文君垆"等词，喻指美女卖酒，或喻指饮酒，或喻指爱情，又常用"当垆涤器""涤器当垆""涤器相如""相如涤器""相如涤卮"等词，喻指从事低贱的行业，或借以比喻文人落魄不遇。

历代文人骚客对临邛酒店歌咏颇多。但因观念与口味不同，大都作为风流逸事来评议。与众不同的是，清初江苏泰州著名诗人吴嘉纪，曾写过一首《题卓文君当垆图》诗：

听罢清琴傍绿樽，
如花丽色照当门。
临邛日暮酒徒散，
笑视夫君犊鼻裈。

短短四句诗，写了酒店从开门到关门一天的生活情景。“听罢清琴傍绿樽”，是说卓文君听罢司马相如弹琴之后，开始了酒店的营业，表现了两人心心相印。当年两个人初会时，司马相如正是用琴声倾诉了自己的心意；如今在贫苦的生活中，仍然弹琴相悦，寄托了深厚的情意。“笑视夫君犊鼻裈”，着意表现了卓文君在结束一天辛苦劳作之后，望着丈夫卖酒时穿的皮围裙，发出喜悦、会心的微笑。

有趣的是，唐代四川的学士们，大概是受了“相如涤器”的影响，竟然纷纷开设酒店，以沽酒当垆为业。宋人孙光宪所撰《北梦琐言》多载唐代轶闻，其中就有“蜀之士子，莫不酤酒，慕相如涤器之风也”的述评。

人们到四川的酒馆饮酒时，往往会联想到临邛酒店。唐代诗人李商隐路过成都时，写有《杜工部蜀中离席》一诗，他颇有感触地婉叹：“美酒成都堪送老，当垆仍是卓文君。”

据说，如今的成都酒店，仍多见“夫妻店”，很有地方特色。“好酒不怕巷子深”，此言便出自成都。成都酒店以“小”著称，有在巷子深处的，也有在街边上的，无论哪里，都以名酒好菜吸引着顾客，并常常让一些乐于思古的来客，陶醉于“临邛酒店”的遗风之中。

酒城老窖溢芳香

“泸川杯里春光好，诗书万卷偕春老。清酒一壶提，此时心转迷。黄莺休见妒，枝头喜相朴，一醉卧残阳，弥萎我最痴。”晚唐著名词人韦庄，在这首《菩萨蛮》中，把他对泸州美酒的赞誉和痴迷，抒写得淋漓尽致，令人神往。这也从一个侧面告诉世人：在唐代以前，泸州美酒已闻名遐迩。

泸州酿酒，源远流长，至少可以追溯至秦汉时期。当地出土的陶质饮酒角杯，被国家文物部门考证鉴定为2000多年前秦汉之间的器物，专供宴请宾客饮酒之用，亦证明了上述结论。

泸州，古称江阳。夏商时期属梁州域，周为巴子国辖地。西汉景帝前元六年（前151），置江阳县。东汉建安十八年（213），从犍为郡分出置江阳郡，辖四县。梁大同年间（535—546），远取泸水为名，改为泸州。此后，隋、唐间曾两度改名泸川，故韦庄《菩萨蛮》词中有“泸川杯”之谓。

泸州地处四川盆地南缘，长江与沱江的汇合处，云、贵、川三省接合部的“金三角”地带，有“西南要会”之称，历来既是兵家必争的重镇，又是经济中心都会。泸州物产丰富，商业繁荣，尤以酒业兴盛而成为名扬海内外的“酒城”。

泸州酿造的大曲酒，产生于宋代，鼎盛于明代。建于明朝万历年间的四口泸州大曲酒窖池，是我国曲酒中建窖最早、连续使用时间最长、保存最为完整的酒窖池。清代，温永盛酒厂“舒聚源”糟坊的酿酒事业延续了八代；天成生、协太祥等糟户也名噪一时；遗存下遍布市内的百年以上清代窖池达三百余口。明清时期泸州酒业之盛况，由此可见一斑。

其时，泸州城内酒坊林立，产销两旺。不仅商家贾人蜂拥而至，各地文人雅士也慕名纷至沓来，开怀畅饮美酒，即兴吟诗作赋，留下大量名句佳篇。明代正德年间的状元、文学家杨慎，对泸州酒城一往情深，“不看街中花，要饮小市酒”，邀集诗友“玉壶美酒开华宴”，吟出了“江阳酒熟花如锦，别后何人共醉狂”的绝唱。

明朝末年，农民起义领袖张献忠，曾以泸州大曲酒激励士气。明人费密《荒书》记载：“崇祯十七年七月，张献忠自重庆溯江而上，在泸州用大曲酒激励三军将士。”起义军攻进城后，全城百姓争先恐后地捧上美酒招待义军将士。张献忠举杯饮酒后吟诗一首：“酒溢泸州城，香流千里地；献忠饮一杯，醉颜红可掬”。

时至清乾隆时期，泸州酒业也形成了“十里华灯千户酒，一山明月两江明”的盛况。1792年腊月，自称“诗成酒力雄”的御史诗人张问陶（船山）来到泸州。他有感于泸州大曲酒之美，一气吟成4首诗，以“城下人家水上城，酒楼红处一江明。衔杯却爱泸州好，十指含香给客橙”等名句，写活了酒城风貌，流传至今。

1916年，朱德随蔡锷讨袁入川后，曾驻防泸州。朱德任护国军第十三旅旅长，兼泸州城防司令。他于1917年秋天约当地士绅组织“江阳诗社”，多次雅酌泸州大曲酒，衔觞“舒心中锦绣，讽人讽事”。朱德在《除夕》中，写出了“护国军兴事变迁，烽烟交警振阗阗；酒城幸保身无恙，检点机韬又一年”之诗句。

泸州酒文化灿烂的事迹不胜枚举。

1988年，在西安举行的中国酒文化节上，泸州被命名为五座之一的中国酒文化名城。

美酒飘香出川南，声名远播会有时。

1919年，泸州老窖酒在巴拿马万国博览会上夺得了国际名酒金奖，从此蜚声四海，名震五洲。十多年后，又被评为全国四大名酒之一。1946年，泸州老窖大曲酒年产1300吨，并远销上海、南京、成都、重庆、昆明等地。中华人民共和国成立后，泸州老窖特曲在全国第一届评酒会上，被评为全国八大名酒之一；此后，在第二届、第三届、第四届、第五届全国评酒会上，皆蝉联全国名酒称号。

泸州老窖，素有“拔塞千家醉，开瓶十里香”的美誉。1952年被国家确定为浓香型白酒的典型代表。因为泸州是中国浓香型白酒发源地，故浓香型白酒又被称为“泸香型”。浓香型白酒，是当今中国市场的宠儿，而泸州老窖作为浓香型白酒中历史最长、出名最早、出口最多的名酒，也被称誉为“浓香正宗”“酒中泰斗”。

泸州老窖，酒色晶莹清澈，酒香芬芳飘逸，酒体柔和纯正，各味协调适度，具有“醇香浓郁、饮后尤香、清洌甘爽、回味悠长”的独特风格。启开瓶盖儿后，香气夺瓶而出，喝上一口，口鼻清香，不燥不辣，甘爽宜人，细细回味，余香悠长。

泸州老窖，酒香之所以经久不衰，主要是老窖的“功劳”，这里窖龄最长的窖池，建于1605年，距今已有四百多年的历史。窖龄的时间越长，微生物越多，酒糟发酵越好，酿出来的酒就越香，这是由于老窖泥中含有多种酸性杆菌。它们能使酒液芳香的主要成分——乙酸乙酯大量增加，除了具备窖龄特长这一得天独厚的优势外，还有“水好、曲精、发酵蒸馏考究”等诸多举措的采用。用水：或取龙泉井水，或取江心之水，要求严格；原料：选用川产糯高粱，以小麦制曲，配方独特；在利用老窖发酵、蒸馏、接酒等环节上：温度、时间掌握得恰到好处，操作仔细，最后再由酒师精心勾兑调味而成，故而酒质佳至上乘。

泸州历史悠久，文化灿烂，留下了丰富的文物古迹。其中就包含“酒城”的内容。全市有国家、省、市各级文物保护单位133处，各级风景名胜区9处。其中泸州大曲老窖池等即成为历史文化名城的象征，给人们留下了更为深刻的印象。

赤水琼浆堪称绝

赤水，最早见于中国古代神话中。屈原的名篇《离骚》中，有“忽吾行此流沙兮，遵赤水而容与”之句，《楚辞》曾注：“《博雅》云：‘昆仑虚，赤水出其东南陬。’”《庄子》中有“黄帝游乎赤水之北，登乎昆仑之丘”的记述。《穆天子传》则续称：“遂宿于昆仑之阿，赤水之阳。”还有注释说：“赤水出东南隅而东北流。”这一神话中的赤水，究竟是指哪条江河，笔者无意进行考证，只是想把它与云贵川地区的“赤水”联系在一起。云贵川地区位于昆仑山的东南部。有一条赤水河发源于云贵高原，沿东北方向流进四川，汇入长江。而长江在这一段的流向，也是浩浩荡荡地奔向东北。把赤水河和长江视作赤水，在名称上和地理上恰有相似之处。何况从酒文化的角度来看，赤水流域不仅孕育了令人赞叹的多种美酒，而且富有使人称奇的神话色彩。

出产于赤水河畔的“茅台酒”，被誉为“酒中名珠”，声名盖世，历史悠久。早在2100多年前的西汉时期，今茅台镇所在地贵州仁怀县一带，就盛产名酒——枸酱酒。当汉武帝令唐蒙出使南越王据地番禺（即今广东）时，唐蒙曾在南越王举行的宴会上，喝到过古鳛国（即今茅台镇所在地仁怀县一带）所产的构酱酒，故有“唐蒙饮构酱而使夜郎”的传说。北宋时期，这里所产的优质大曲酒“双（风）曲法酒”，被张能臣列入《酒名记》。清代初年，茅台镇的酿酒业日益兴盛。1915年，茅台酒在巴拿马万国博览会上一举夺得世界名酒金质奖章。从此，茅台酒誉满全球，经久不衰。据说，茅台酒具有特异的芳香，人在大青山半山腰，就能闻到山谷底茅台镇上散发的阵阵酒香。现代科学已经查明，茅台酒含有110多种芳香成分。

茅台酒的佳美酒质，得益于茅台镇北靠大青山、面临赤水河的地理条件和古老的酿酒工艺。而优美的神话故事，使茅台酒更加显得来历不凡。相传，茅台镇开始酿酒时，酒质并不特别优异，酒业也不甚兴旺，制酒人经常赔本，生活难以维持。一年除夕，茅台镇一带大雪纷飞，冷得出奇。突然，从冰雪中走出一个衣衫褴褛的老人。他趔趔趄趄地来到镇上一个富人家开的酒坊讨酒御寒。富人不但不给他酒喝，还动手打了他。而镇上的穷人家闻讯后，纷纷把他请进屋，留他喝酒过年。老人喝了酒，神采奕奕，连声称赞：“好酒！好酒！新年大吉，我祝你们美酒藏春，酒业兴隆！”说完他把杯中的残酒泼到赤水河里，又随手用拐杖横河一划，然后飘然而去。此后，凡是这位老人所到之家，缸里的酒就越来越香，新酿出来的酒量多质好，酒业日臻兴旺。而富人家的酒，质地越来越差，门可罗雀。后来有人说这位老人是神仙，是专门来茅台镇帮助穷人酿酒的，这个传说，也增添了赤水河的神秘色彩。

赤水河，人称“美酒河”。河两岸山峦秀丽，草木郁葱，沟壑纵横，有较好的自然植被。河水从高山流泻下来，潺潺湲湲汇集了优质的自然水和山泉之水，水质纯洁清甜、含少量矿物质。正是依靠这条“美酒河”，当地人才酿出了国酒茅台等多种闻名天下的琼浆。

被誉为我国第二茅台的贵州“习水大曲”，也产于赤水河东岸。这里也属于历史悠久的古鳛国酒乡。酒乡古酿，重又振新，采用难得的好水，精选优质的原料，酿制出了浓香馥郁、香味协调、口味绵甜柔润的“习水牌”习水大曲名酒。

以独特香型和风味而闻名全国的“郎泉”牌郎酒，产于四川古蔺县赤水河畔二郎滩渡口西岸的二郎镇。郎酒与茅台酒，被人们称作“赤水河畔的姊妹花”，是一对闪闪发光的明珠。

赤水河与长江汇合后东流，江边还出产两种国家名酒：即前文所述泸州老窖特曲和宜宾五粮液。

位于长江中上游交接之处的宜宾，素有“名酒之乡”的美称，是宜宾五粮液的产地。这里的地质、气候、资源、技术等酿酒条件得天独厚。其中，水质清冽、地下水位和干湿度，很适宜酿酒微生物的生长繁殖。宜宾酿酒历史悠久，素负盛名。古时，宜宾为南丝绸之路的起点，境内除僰人和汉人外，还聚居着彝、僚、苗等许多民族。各民族皆嗜酒。僰人用荔枝、蒟果酿酒；汉人用糯米、高粱酿酒；彝人用小麦、青稞、玉米酿酒……酒成为最具代表性的民族文化融合的结晶。早在汉代，宜宾的酿酒业已比较发达并有了商品酒。唐代已有多种名酒。唐永泰元年（765），杜甫沿岷江东下，途经宜宾，郡守杨某在江边风景如画的东楼设宴招待。杜甫饮了一种美酒十分兴奋，当场赋诗：“胜绝惊身老，情忘发兴奇。……重碧拈春酒，轻红擘荔枝……”（《宴戎州杨使君东楼》）。从此，当地人将这种“官定名酿”命名为“重碧酒”。“重碧酒”在宋代演变为“荔枝绿”酒。北宋元符元年（1098），诗人黄庭坚谪居宜宾，饮了这种美酒，想到杜甫对它的赞誉，曾叹曰：“谁能同此胜绝味？唯有老杜东楼诗。”并特地写了一首《荔枝绿颂》。

五粮液是在宋代名酒荔枝绿的基础上发展起来的。但“五粮液”之名是1929年才出现的。它的前身是“温德丰”所酿的“杂粮酒”。

明代初年，“温德丰”的第一代老板陈氏，经过长期的探索，创造了流惠后世的“陈氏秘方”。至1928年，承续师业的“利川永”酿酒作坊老板邓子均，在秘方基础上，采用红粮、大米、糯米、麦子、玉米五种粮食为原料，以清冽的好水酿出了香味纯浓的“杂粮酒”。1929年的一天，当地团练局文书、晚清举人杨惠泉品尝此酒后，建议更名为“五粮液”，流芳至今。五粮液被列为四川省的“五朵金花”（泸州特曲、郎酒、剑南春、全兴大曲、五粮液）之一。它以“香气悠久、滋味醇厚、进口甘美、入喉净爽、各味谐调、恰到好处”的风格，独树一帜，也为“赤水”之畔的酒乡赢得了声誉。

古人曾因为有感于水是酒的本源，发出过这样的赞叹：“奇山必有好水，好水必酿美酒。”神奇的赤水流域，就是最好的说明。

甘泉酿酒如玉液

酒与泉的联系极为密切。人们或以酒誉泉，或以泉酿酒，诸多佳话广为流传。

在古代丝绸之路的河西走廊上，有个著名的酒泉城，城东关外立有“西汉胜迹”一碑，碑旁就是吸引游人的酒泉。酒泉原名金泉，泉水清澈见底，澄碧如酒。据《酒泉县志》记载，古酒泉原有三眼，水流20里，灌溉农田15顷。相传汉代骠骑将军霍去病出征匈奴获胜，驻军河西一带。汉武帝颁赐御酒一坛，霍去病倾酒于泉中，与众将士同饮。从此，这眼泉便被百姓誉为“酒泉”。这眼酒泉所在的阳关古道上的沙漠孤城，也被称作“酒泉”。2000多年来，有不少诗文提及酒泉。如三国时期孔融《与曹操论酒禁书》中，就有“故天垂酒星之耀，地列酒泉之郡，人著旨酒之德”的语句。唐代浪漫主义诗人李白，则在表现饮酒复杂感情的《月下独酌四首》中，运用丰富的想象，写下了这样的诗句：“天若不爱酒，酒星不在天。地若不爱酒，地应无酒泉。”

除了阳关古道上的“酒泉”外，在国内还有几处为人们所不太熟悉的“酒泉”。

在河南汝阳城北的杜康村附近，就有一个“酒泉”。相传2500多年前，杜康选择适宜酿酒之地时，踏遍千里溪山，终于发现了杜康村南山沟里的泉水清洌碧透，味甜质纯，便利用泉水以奇法制成佳酿，从此，杜康酒誉贯四海。这里的泉被称为“酒泉”，沟被称为“酒泉沟”。据说，酒泉水每逢阴晦季节，即可闻到一股天然的酒香。而且是地愈旱泉水愈旺，天越冷泉水越暖。古人曾赞誉道：“千里溪山最佳处，一年寒暖酒泉香。”

广西恭城县北端的龙虎山下，有一眼泉水甘甜而带酒味，也被称为“酒泉”。泉水中含有近30种人体所必需的微量元素。早在明末清初，村民就利用这里的泉水酿成恭城传统名酒“龙虎酒”。后来，在龙虎山下修筑公路时，“酒泉”被埋没。经过寻找和挖掘，现已重见天日。

江西永丰白水村，地处吉安盆地东部，是个古老而又年轻的村镇。这里的“酒泉”，是指从当地九峰岭山脚下岩缝中喷涌出的一股山泉。这眼泉喷水面积虽然只有一平方米，但泉眼竟有30厘米，近一尺，喷出来的泉水，透明、清澈、冰凉、无色，并伴有大量的气泡（二氧化碳）。初饮几口，甜味适中，细细品尝，又觉得辣嘴麻舌，喉头还觉得略有点苦味和酸味，真是具有鲜啤酒那种甜、酸、苦、辣、麻的味道。因泉水具有五味，所以当地群众称之为“五味水”或“五味泉”，而外地人则称其为“天然酒泉”。

上述溪山、龙虎山、九峰岭三处“酒泉”，均属优质山泉。历来，人们对采用优质山泉水酿酒十分重视。明代文学家谢肇淛以记掌故风物为内容的《五杂俎》中，曾有这样的论述：“泉洌则酒香，吴兴碧浪湖、半月泉、黄龙洞诸泉皆甘洌异常。富民之家，多至惠山载泉以酿，故自奇胜。”看来，慧山之泉的水质也是特别好的。

铢庵所著《人物风俗制度丛谈》中，还记载了清代嘉庆十八年（1813）间的一桩酒事。当时被称为“酒人巨擘（擘，大拇指，比喻杰出的人）”的梁绍壬，有一次进山游览，受到老和尚致虚的热情款待。当搬出酒后，“泥瓮渐开，清香满室”，“一杯入口，甘芳俊洌，凡酒之病无不蠲（音捐，意为免除）而酒之美无弗备。询之曰，此本山泉所酿也”。喝完后，梁绍壬又要了一壶，带至山下，晚间小酌。第二天，老和尚又赠给一瓻（陶制酒壶），他“归而饮于家，靡不赞叹欲绝。梁尝曰‘是为生平所尝第一次之好酒’”。

我国各地的优质水泉数不胜数，其中已有多处开发利用，加上平原清泉的利用，不少酒厂用玉液般的甘泉水酿出了多种美酒。

如产于陕西凤翔西部的“西凤酒”，采用的是灵山脚下柳林镇的凤凰泉水。西凤酒风格独特，色、香、味俱佳。相传，远在唐代，已是国宴之珍品。中华人民共和国成立后，成为我国“八大名酒”之一。

再如，河南辉县的“百泉春酒”，是以苏门山南麓的百泉水酿造。此地泉眼很多。据《中州杂俎》记载，早在北宋期间，这里就有著名的柏泉美酒。

再如，山东的“即墨老酒”，是以崂山矿泉水为酿造用水而制成。老酒原称“醪酒”，意为醇香的酒。相传春秋时期，齐景公驻崂山，曾把醪酒作为祀拜仙境之圣物。战国时期，守城齐将田单运用“火牛阵”大破燕军，转守为攻，醪酒起了激发军情斗志的作用。从此，醪酒名声大振。后来，秦始皇、汉武帝、唐玄宗、元太祖、明神宗等，都畅饮和称赞过此酒。即墨老酒沿用“古遗六法”（其中有“泉水必清”）的传统工艺，并结合现代工艺酿造而成，酒液清亮，红褐透明，酒香浓郁，营养丰富，常饮有益于健康。很明显，质地优良、驰名中外的矿泉水，起了重要作用。

此外，在国际市场上声誉很高的“青岛啤酒”，也是用崂山矿泉水酿造的。

再如，早在唐代就享有盛誉的“四大古老名酒”之一的“泗阳洋河大曲”，是用美人泉中甜净而内含多种芳香元素的软水酿造的，故其酒质别于一般。悠久的历史、传统精湛的工艺，美好的泉水，是洋河大曲出名的秘诀。

再如，产于湖北松滋市的“白云边”名酒，是取甘美的八眼泉水酿造而成的，无色透明，浓香谐和。此酒具有悠久的历史，取唐代李白诗句“且就洞庭赊月色，将船买酒白云边”中的“白云边”三字为名。

再如，湖北的“谷城石花大曲酒”，是用石花泉水酿制而成。其酒清亮透明，芳香醇冽，为历史久远的名酒。相传西楚霸王于公元前206年攻打咸阳路过谷城县时，曾痛饮石花酒，一醉方休。明末农民起义领袖李自成和张献忠，1642年“英雄会”，在谷城会谈喝的也是石花酒。

再如，产于陕西长武县的“鹑觚大曲”，是用玉泉水酿造的。其味美浓烈，具有2200多年的历史。相传，公元前214年，太子扶苏和大将蒙恬奉秦始皇之命，率兵北上修建长城。他们在渭北高原陕甘交界处发现一股泉水，于是决定在此驻军筑城，并用泉水酿造高粱美酒。当扶苏以酒举行祭祀时，酒香引来一只神鹑，降落在供桌的盛酒器“觚”上，酣饮美酒而不愿离去。扶苏认为这是吉祥之兆，便将此地称为鹑觚县，将酿酒的泉水命名为玉泉。

再如，产于河南鹿邑县的“宋河粮液”，是汲取县境得天独厚、甘甜透明的自然泉水，精心酿造而成。此酒已有2000多年的历史，素有“开坛十里香，过路醉煞人”之誉。相传，孔子至楚国苦县（即今河南鹿邑县）问礼于李聃（老子），途经位于古宋河之滨的酿酒镇——枣子集，忽闻酒香扑鼻，便让子路打来美酒，师生对饮，喝得酩酊大醉，以致次日赶路时仍然醉意朦胧。

再如，江苏高沟镇的传统名特产品“高沟酒”，是用“天泉”水酿成，已有2000多年历史，并富有神话色彩。相传，弼马温孙悟空大闹王母娘娘的蟠桃宴时，不仅偷喝了许多美酒，而且还偷了酒坛。当天兵天将追赶到高沟上空时，孙悟空搭手回头张望，慌忙中酒坛不慎落地，结果把地上砸了一个洞，顿时清泉外涌，泉水甘甜而清冽。于是，当地老百姓就用此泉水酿出美酒，并称酿酒的糟坊为“天泉糟坊”。

又如，福建龙岩生产的“新罗泉牌”沉缸酒，是取江南名泉“新罗第一泉”之水酿造而成。此酒投有三十多味中药特制小曲，酒色清透明亮，酒味芳香扑鼻，为滋补佳品，享有“斤酒胜九鸡”之誉。

又如，贵州的“惠水大曲”和“惠水黑糯酒”，均以深山清泉为水源，并采用当地少数民族传统酿酒工艺精制而成。因此，酒质优良，芳香浓郁。

又如，产于广西桂平山之侧的“乳泉酒”，是用乳泉水精心酿成。而采用乳泉的上乘泉水，正是此酒成名的关键。

还有，出产于新疆的“伊犁特曲”“奎屯特曲”“天山特曲”“伊宁特曲”“新源大曲”“古城大曲”等美酒，均以甘泉雪溪之水酿造而成，酒味醇香，久负盛名，深为各族群众所喜爱。

北宋著名文学家欧阳修《醉翁亭记》中有云“酿泉为酒，泉香而酒洌”，可谓至理名言。

古井为酒添传奇

许多名酒都伴有动人的传说，传说为美酒增添了光彩。其中，渲染古井的神奇是一大特点。

素有“名酒冠全球”之誉的汾酒，产于山西杏花村。杏花村村前溪水款款，村后青山隐隐，酿酒史可以追溯至1500年以前。早在南北朝时，这里就以“佳酿”著称于世。杏花汾酒名播幽燕，历代文人名士纷至沓来。据传，有一次唐代诗人李白在离杏花村二里的地方，满怀醉意地细校古碑，不禁诗兴大发，写下了“琼杯绮食清玉案，使我醉饱无归心”的诗句。后来，明末闯王李自成东渡黄河，率师北进，也曾驻饮汾酒，倚马立书“尽善尽美”四字。因此，杏花村又名“尽善村”。

杏花村的酒之所以甘醇郁香，当然源于杏花村人高超独特的酿酒技术和得天独厚的地理条件，而村中的古井故事更增添了传奇之感。相传，这口被人们誉为“神井”的古井，属于一个姓吴的老汉开的“醉仙居”酒家。有一年，酒店来了一位老道，坐下便要酒喝。一喝一大碗，一碗接一碗，几缸美酒下肚，一醉卧倒。吴老汉急忙扶他上了热炕，端汤送水，照顾备至。酒醒后，老道跌跌撞撞地要走，吴老汉双手扶他出门。路经门前水井，老道“哇”地一声，将宿酒尽吐井中。说来也奇，从此这口井里的水就变成了醇香绵软的美酒。吴老汉因此而成了财雄一方的富户。后来，吴老汉去世，他的儿子好吃懒做，不礼貌待客。一日，老道又重来饮酒，先问酒家生意如何，新主人埋怨说："生意虽好，但井水变酒，骡马没有酒糟吃。"那老道听罢双眉一皱，长袖一拂，朝着井念了几句咒语，并留诗一首：

天高不算高，人心高一梢。
井水当酒卖，还嫌畜无糟。

老道走后，这口井里的水就不再是美酒了。这虽是一则神话，但据有关部门测定，"神井"水的质地确实高出一般井水。在这口"神井"旁，有明末著名文人傅山亲笔题写的额匾，"得造花香"的字迹遒劲奔放，别具一格。

看来，仙人往井内呕吐宿酒，从而使井水变美酒的情节，是编书人喜欢用的一个"绝招"。除汾酒外，还有类似的传说。

古井贡酒，产于魏武帝曹操和神医华佗的故乡——今安徽亳州市，距今已有1800余年的历史。据说曹操爱故土，也爱酒，并经过钻研，在家乡成功地酿出了名酒。据《魏武集》记载，曹操曾向汉献帝刘协贡献名酒"九酿春"，因此"九酿春"便得名"古井贡酒"。随着岁月的流逝和酿酒技术的提高，至明、清之际，古井贡酒成为进献皇帝的贡酒。

酿制古井贡酒所用的原料优良，水质甘甜。现在酿酒取水的古井，是1500年前南北朝时期的遗迹。据《亳州志》记载，公元532年，北魏派独孤将军攻打南梁咸阳于谯县（即今亳州市）。独孤将军惨败，一怒之下把兵器金锏投入一口井水，后人遂将这口井称为"古井"。古井水清澈透明，用它酿出的酒，色、香、味不同一般。关于这口古井，也流传着一个神话故事：

很久以前，井旁有家小酒店，酒店掌柜是个热情好客的人。过往行人，有钱无钱，都可以去讨碗酒喝。“八仙”之一的吕洞宾，便是酒店的老主顾。他装扮成乞丐，进店就径自从酒柜上搬过酒坛喝个精光，然后拔腿就走。日子久了，酒店掌柜倒还没说什么，别的主顾却日益厌烦。有一次，吕洞宾刚刚搬起酒坛，有人便仗着三分醉意，寻衅打碎他的酒坛，辱骂着把他赶出门外。酒店掌柜正要上前劝阻，吕洞宾已经直奔那口井旁卧倒，呕吐不止。店里客人纷纷拥过去，责备他把井水弄脏了。此时，吕洞宾忽然站起，哈哈大笑说：“我欠酒店几年的酒钱，都一起还给这口井了。”说毕，化成一缕云烟，腾空而去。从此，这口井里的水便发出一种异香，用以酿酒，色泽透明，香飘数十里。那家小酒店的生意，也更加兴隆起来。

在传说中，吕洞宾不仅醉倒在今安徽的古井旁呕吐过，而且醉倒在河南的古井旁，并巧施仙术，使宝丰酒也成为盛名于世的佳酿。

相传宝丰的仓巷街有一家酒店，店主发家后，挑出酒旗写明：如到此饮酒，分文不取。此举吸引了爱喝酒的仙人吕洞宾。他化作乞丐来到店里畅饮。店主人并不嫌其衣衫褴褛，倾缸助兴。结果，吕洞宾醉卧在该店取水的井口巧施仙术，使井内有一朵莲花若隐若现，借此报答主人的恩德。从此，用这口古井水酿造的酒，点燃后火焰酷似莲花，且味如莲香。宝丰酒名声大振，享有“莲花美酒”之称誉。

在古籍中，也有向井内投放药丸使井水变成美酒的记载。冯梦龙《古今谭概》里有则故事说的是：一天，有个道人来到浙江桐庐县一家酒店内取饮，饮完后便扬长而去。酒家也不向他要钱。后来，道人对那酒家的主妇说：“几次喝了你家的酒，没有什么报答，现在有一种药，投入井中，可以不酿而得美酒。”说着他便从渔鼓中倒出药丸两颗，药丸色黄而坚，如龙眼大，将药丸投入井中，他便不辞而别。第二天，井水沸腾，取后品尝，香味超过酿造的酒。人们便把这口井里的酒称为“神仙酒”。

实际上，古井的水之所以优美，并不是由于所谓的神人施展了仙术，而是因为井水的成分独特，不同寻常。其他地区还有一些古井，虽无仙人施法的传说，却也酿出了美酒。

例如湖南长沙的传统名酒“白沙液”，用的就是古井水。白沙古井位于长沙市天心阁下白沙街东隅城南回龙山下。唐代大诗人杜甫旅居长沙时，曾写下“夜辞长沙酒，晓行湘水春”的名句。明清以来，井旁留下无数石刻，该井被誉为“长沙第一井”。中华人民共和国成立后，经多次整修，现有井穴四个，井底甘露涌出，终年不断。究其原因，白沙井背靠回龙山，山上草木茂密，地下为层状结构，水源丰富，四季不绝，久舀不干，虽满不溢。井水经无数关口过滤而后汇入，澄澈透明，加上溶入了无机盐矿物质，水味清凉甘甜。所以，用来酿酒，其味与众不同。

再如，向负盛名的“天津直沽烧”，曾被清代《津门百咏》赞誉为“名酒通称大直沽，色如琥珀白如酥”，用的也是古井水。大直沽田庄有口古井，水质甘洌，久取不竭，具有很优越的自然地理条件；又因采购上等红粱，制作工序一丝不苟，特别是在贮存方面讲究“大缸深埋、锡盖加封”，再加隔年陈酿，所以直沽烧酒品质优异，美名远扬。

再如，陕西黄陵县的“店头高酒”，历史上与“西秦凤酒”齐名。杜甫曾因安史之乱寄寓羌村，作有“问柳寻花为草堂，急呼村酒酹诗王”的诗句，村酒即指此酒。相传，店头镇拐角原有一口古井，水质清甜，很久以前，人们便在这里设店开坊，取水酿酒，代代相传。

又如，山东的“兰陵美酒”也与井的水质有很大关系。兰陵美酒古称东阳酒，距今已有2600余年的历史，属于黄酒类型，但兼有白酒的香味。它具有琥珀的光泽，且纯净透明、香气馥郁、酒味协调、甜度适宜、回味悠长。唐代诗人李白在《客中作》中，为此写下了“兰陵美酒郁金香，玉碗盛来琥珀光”的名句。据说，兰陵酒厂的几口深水井，水质纯净甘洌，为一般水井所不及。明代汪颖在《食物本草》中，对兰陵酒厂所用之水作出了这样的评语：“秤之重于它水，邻近所造（之酒）俱不然，皆水土之美也。”

又如，河南的历史名酒“濮阳御液”，得名于“御井甘泉”。濮阳以古井甘泉酿酒始于五代，盛行于宋。北宋景德元年（1004），真宗赵恒在寇准的极力主张下，亲征御敌，进驻濮阳，大破南下辽兵。真宗饮濮阳佳酿后，赞不绝口。宰相寇准亲书“御井甘泉”刻于井旁。由于井水美，再加上原料优、工艺好，所产的御液酒色清澈，气味芳香，醇厚可口。

又如，四川西部酒乡邛崃市出产的“文君酒”，因有“文君井”的古迹和佳话而名扬四海。文君酒以古井古泉之水精心精制而成，具有酒色醇和，入口浓香甘洌、清爽舒适、回味悠长的特点，因此成为历史名酒。

至于以优质井水为酿制用水的好酒，还有不少。如四川省射洪县生产的“沱牌”曲酒，就是用当地柳树沱旁的优质井水酿造而成。对这类事例，就不再赘述了。

黄酒饮料行天下

有这样一件事也许出乎不少人的意料之外：在全国的黄酒学术会上，专家们曾提出给黄酒冠以“国酒”。可以说，极普通的黄酒，在酿造历史、营养价值、饮用范围等方面，比白酒、啤酒、果露酒均高出一筹，而黄酒中的佼佼者——绍兴加饭酒，更列上品。

黄酒，又称老酒、红酒，用糯米、大米、黄米等含淀粉类粮食经过蒸煮、糖化、发酵、压榨诸工序酿制而成。其色泽橙黄、香色浓郁、味美醇厚、营养丰富，且最早被人们作为补神药饮用，具有健脾、益胃、舒筋活络之功，堪称色、香、味、用俱佳。

作为饮料酒，黄酒的出现距今约有3000多年，在秦汉时已广泛用于医疗，制成药酒。盛唐以后，“越酒”风靡天下。

绍兴老酒历史悠久，始于夏商时期。春秋战国时，绍兴地区饮酒风习已很普遍。据北魏郦道元《水经注》记载：“越王之栖于会稽也，有酒投江，民饮其流，而战气百倍。”现在绍兴城南的簟（diàn）醪河，据说就是越王勾践当年投酒的地方。勾践还曾把酒献给吴王夫差。吴国军队得之狂饮，垒坛积瓶成山。现在嘉兴地区的瓶山，传说就是因此而得名。南北朝梁元帝萧绎所著《金缕子》云：“银瓯一枚，贮山阴甜酒。”文中的“甜酒”，指的就是绍兴“善酿”。南宋时，官府鼓励酿酒，绍酒生产空前发展。经过历代传承，酒乡盛名不衰。

“越酒甲天下，游人醉不归”。绍酒花色品种很多，有状元红、竹叶青、福桔、花红、桂花、鲫鱼等，都是选用优质糯米作原料，取用软硬适中、含微量矿物质的鉴湖冬季湖心之水酿造，封存三五年之后饮用，因而色泽黄橙透彻，香气浓郁芬芳，深受人们欢迎。

绍兴人的生活离不开酒。各种习俗，几乎都与酒联系在一起。如四时八节要饮酒，婚丧之事要饮酒，往来应酬要饮酒，亲朋聚会也要饮酒。单是饮酒的名目，据说就多达三四十种，如生孩子后的“剃头酒”“满月酒”“周岁酒”；结婚时的“喜酒”“会亲酒”“三朝酒”“回门酒”；其他如“插秧酒”“丰收酒”“利市酒”“分红酒”；平时还有互相邀请的“日常酒”等。有趣的是，旧时绍兴姑娘出嫁时，嫁妆中还要有“女儿酒”。

唐代文学家房千里《投荒杂录》记述：“南方有女数岁，即大酿酒。候陂水竭，置壶其中，密固其上。候女将嫁，决水取之供客，谓之女酒，味绝美。”女儿酒，也叫花雕酒，是绍兴老酒的主要品种。因酒罐装饰考究，罐上有彩绘雕镂而得名。按照古老习俗，女儿出世后，父母便自家酿制，或者委托酒作坊定制若干罐酒。酒罐上雕刻有嫦娥奔月、八仙过海、龙凤呈祥等戏文故事，或山水亭榭、仙鹤寿星等图像，题写“花好月圆”“五世其昌”“白首偕老”等词句，以兆吉祥如意。然后，将酒罐贮藏在池窖或泥土下，等女儿出嫁时才将酒取出，放在花轿上作为嫁妆，送往男方家款待宾客。

据《清稗类钞》记载，一个名叫舒铁云的文人，在刘松岚的酒席上饮女儿酒后，特意为刘松岚写了一首诗：

越女作酒酒如雨，
不重生男重生女。

女儿家住东湖东，
春槽夜滴真珠红。
旧说越女天下白，
玉缸忽作桃花色。
不须汉水酦葡萄，
略似兰陵盛琥珀。
不知何处女儿家，
三十三天散酒花。
题词幸免入醋瓮，
娶妇有时逢曲车。
劝君更尽一杯酒，
此夜曲中闻折柳。
先生饮水我饮醇，
老女不嫁空生口。

舒铁云的这首诗，是借歌咏“女儿酒”，为出京的刘松岚送行，诗句颇为感人，可使人从一个侧面加深对女儿酒的印象。

至今，酿制女儿酒之俗已不复存在，但是，“花雕酒”之名却流传下来。人们把黄中带红、味带甜鲜、质地特优的加饭酒，装入画图多彩、色泽鲜艳、立体感强的花雕罐内，运销国际市场，使得绍兴老酒倍受赞誉，供不应求，声名更隆。

在我国的高级宴会上，也经常用绍兴黄酒招待贵宾。许多外国朋友品尝了绍兴黄酒之后，纷纷赞誉它是“东方名酒之冠”。

绍兴黄酒的营养价值很高。据1972年7月1日在墨西哥召开的世界第九次营养食品会议提议，营养食品必须具备三个条件：一是含有多种氨基酸，二是发热量高，三是容易被人体消化吸收。根据这三个条件，啤酒已被世界公认为是“液体面包”，而绍兴黄酒经过鉴定，已达到并超过了啤酒的营养成分。据分析，绍兴黄酒中仅含赖氨酸这一项的总量，就已相当于啤酒所包含的全部氨基酸的总量。绍兴黄酒的发热量，每升也都超过1000多大卡，例如，加饭酒就达到1200大卡／升。同日本著名的清酒比较，绍兴黄酒的每升发热量、含氨基酸量也胜于前者。绍兴黄酒又是以糯米为“酒中肉”、以小麦为“酒中骨”、以鉴湖水为“酒中血”，经过糖化发酵而成，含有以浸出物状态存在的低分子糖类、肽和氨基酸等营养物质，很容易被人体消化吸收。所以，有人认为，把绍兴黄酒比作是“液体奶油面包”，应是当之无愧。

由于黄酒为低酒精度酒，是最理想的饮料酒，因此，古人中的“酒龙”式人物，才得以创造了“饮酒一石不乱”“饮酒至数石不乱”的惊人纪录。

孟佗斗酒博凉州

东汉末年，曾出现过一桩用葡萄酒换取官职的趣事。

汉代赵岐《三辅决录》卷二记载：汉灵帝时，中常侍张让专朝政。很多宾客想拜见张让，却难以遂愿。孟佗，字伯郎，为了达到当官的目的，想了一个办法，即把自己所有的财物用来贿赂张让监奴，于是被引荐给张让。后来，孟佗用一斗葡萄酒贿赂张让，就被封为凉州刺史。从此，人们便用“斗酒博凉州”等诗句，用来表述贿赂得官，或形容酒的醇美。

一斗葡萄酒，居然能博得凉州刺史，这在现代人看来是不可思议的。但从当时葡萄酒的名贵程度来看，就不难理解了。

内地的葡萄和葡萄酒，是古代从西域传入的。《史记·大宛列传》记载：“宛左右以蒲陶为酒，……俗嗜酒，马嗜苜蓿。汉使取其实来，于是天子始种苜蓿、蒲陶（蒲陶，即葡萄）肥绕地。”这里所说的“大宛左右”，显然是指今天的新疆和中亚一带。《太平广记·草木六》在谈到葡萄时说：“（魏使尉）瑾曰：‘此物出自大宛，张骞所致，有黄白黑三种，成熟之时，子实逼侧，星编珠聚，西域多酿以为酒，每来岁贡。’”葡萄由西域输入内地后，汉代开始在皇宫苑囿和贵族王侯的园林中种植葡萄。正如《汉书·西域传》中所说：“天子以天马多，又外国使来众，益种蒲陶、目宿离宫馆旁，极望焉。”

到了汉朝末年、魏晋南北朝时期，除了皇宫别苑种植葡萄以外，有些士大夫也在自己的园林中种植葡萄。如三国时官至司徒的钟会，在《蒲萄赋》中说：“余植蒲萄于堂前，嘉而赋之。”再如曾任给事黄门侍郎等职的西晋著名文学家潘岳，在其所撰《闲居赋》中也说：“石榴蒲陶之珍，磊落蔓衍乎其侧。”将在自己居宅周围种植葡萄等果木的情况，描写得极为详细。这些士大夫开始种植葡萄的时间，虽然是在孟佗斗酒博凉州之后，但此时的葡萄和葡萄酒，还是十分贵重的。

葡萄和葡萄酒之所以珍贵，除了稀少之外，更主要是因为它的味道美妙，令人陶醉。如魏文帝曹丕在一篇诏令中说：“中国珍果甚多，且复为葡萄说。当其朱夏涉秋，尚有余暑。醉酒宿醒，掩露而食，甘而不饴，脆而不酢，冷而不寒，味长汁多，除烦解渴。又酿以为酒，甘于鞠蘖，善醉而易醒。道之固已流涎咽唾，况亲食之邪？他方之果，宁有匹之者？”他还说：“南方有龙眼荔枝，宁比西国蒲萄石蜜乎？”照曹丕看来，葡萄是比南方的龙眼、荔枝更甜蜜的果类。当然，那时候，葡萄和葡萄酒只是皇家贵族才能享受到的奢侈品，一般的封建士大夫要“亲食之”也很不容易。《酉阳杂俎》前集《广动植之三·木篇》就有这样的记载：“庾信谓魏使尉瑾曰：‘我在邺，遂大得蒲萄，奇有滋味。’陈昭曰：‘作何形状？’徐君房曰：‘有类软枣。’信曰：‘君殊不体物，何得不言似生荔枝？’”由此可见，当时一般人连葡萄是什么样子都不知道，只能作一些类比想象，更不要说亲自尝到味道了。这种状况，一直延续到唐朝初年。《新唐书·陈叔达传》记载：陈叔达“尝赐食，得蒲萄不举，帝问之，对曰‘臣母病渴，求不能致，愿归奉之’”。这说明，在唐朝初年，就是朝廷的大臣也不容易得到葡萄，即使偶尔得到，还舍不得吃掉。甚至到唐太宗时，葡萄酒也还是稀见之物。如《太平寰宇记·四夷二十九》载："蒲萄酒，西域有之，前代或有贡献。及破高昌，收马乳蒲萄实，于苑中种之，并得其酒法，太宗自损益造酒，酒成，凡有八色，芳香酷烈，味兼醍醐。既颁赐群臣，京师始识其味。"由此可见，内地知道制造葡萄酒，正是从唐太宗开始。唐代以后，随着新疆与内地的经济文化交流空前密切，内地种植葡萄才逐渐普遍，葡萄变为常见之物，葡萄酒也逐渐成为一种名酒。

更有意思的是，历代文人们在谈论和吟咏葡萄酒时，往往也把"孟佗博凉州"的故事穿插其间，使这一典故一而再、再而三地出现。

如清代和邦额《夜谭随录》中有这样的语句："古人斗酒博梁（凉）州，君不破一文，成此奇缘，自受多福。"

元人周权《蒲萄酒》中有这样的诗句：

纵教典却鹔鹴裘，
不将一斗博凉州。

再如，唐人刘禹锡《蒲桃歌》中有诗句：

酿之成美酒，
令人饮不足。
为君持一斗，
往取凉州牧。

宋人苏轼《次韵秦观秀才见赠》中有诗句：

将军百战竟不侯，
伯郎一斗得凉州。

苏轼《和刘长安〈题薛周逸老亭〉周最善饮酒未七十而致仕》有诗句云：

自言酒中趣，
一斗胜凉州。

苏辙《赋园中所有十首》中有诗句：

初如早梅酸，
晚作酿酪味。
谁能酿为酒？
为尔架前醉。
满斗不与人，
凉州几时致。

陆游《凌云醉归作》中有诗句：

君不见蒲萄一斗换得西凉州，
不如将军告身供一醉。

范成大《次韵徐廷献机宜送自酿石室酒三首》之三中有诗句：

一语为君评石室，
三杯便可博凉州。

辛弃疾《雨中花慢·吴子似见和再用韵为别》中有词句：

笑千篇索价，未抵蒲萄，
五斗凉州。

元人洪希文《蒲萄》中有诗句：

当年若得传方法，
博取凉州亦一奇。

明人王九思《画蒲萄引》中也有诗句：

但愿千缸酿春酒，
未须一斗博凉州。

上述一类例子，还未能尽举。孟佗以酒换官，被后世谈论不休，不知他当年乐悠悠地走马上任赴凉州时，是否料想到了这一点。

曲生风味酿美酒

在《开天传信录》中，记载了唐代一个题为“曲秀才”的神话故事。有一天，道士叶法善在玄都观会见数十位朝中名士，正当口渴、很想饮酒的时候，忽见一人神态傲慢、眼睛斜视地走了进来。此人自称“曲秀才”，与众人论辩难题，反应迅速，词语锋利。叶法善怀疑这是妖魔前来迷惑大家，便暗中抽出小型宝剑刺击过去，“曲秀才”便坠落于台阶之下，化为满瓶佳酿。在座众人大声欢笑，取饮瓶中美酒，味极甘美。众人向酒瓶拱手行礼说：“曲生风味，不可忘也。”后来，人们便以“曲生风味”比喻美酒。例如，宋代苏轼《泗州除夜雪中黄师是送酥酒二首》中，就有“欲从元放觅柱杖，忽有曲生来座隅”的诗句；陆游《初春怀成都》中，则有“病来几与曲生绝，禅榻茶烟双鬓丝”的诗句。当然，要用曲酿出酒，实际上还有一个复杂的过程。

曲优则酒美。制曲是酿酒的一个重要环节。因此，人们往往用一些传说，把优质酒曲渲染得富有神秘色彩。如在江苏泗洪县一带，就流传着一个仙人馈赠神曲的故事。某一年的重阳节，有一位须鬓皆白的老人，来到泗洪双沟镇淮河边的一家酒楼上自斟自饮，一连喝了数斗，口中仍不停地叫喊：“好酒，再添一斗来！”四座酒客看得目瞪口呆，惊叹不已。一直喝到掌灯时分，老人方才停杯，并举烛挥毫，在酒店粉墙上题诗一首：

水为酒之血，曲者酒之骨，

唯此风骨高，名家盖可奇。

老人写完后，将笔一掷，翩然而去。但见桌子上遗留下一个晶莹的玉碗。碗中盛着一块酒曲，曲香醉人。店主人便把此曲奉为“神酒母”。用这种“神曲”酿出来的酒，果然风味独佳，品质优异。

也许是因为酿酒者都希望自己拥有“神曲”的缘故，从古时候起，“神曲”已成为酿酒行业中的习惯用语。北朝贾思勰《齐民要术》中，专门列有“造神曲并酒”一章，对制造神曲的程序和要求，论述得十分具体。如谈到备料时说：“作三斛麦曲法，蒸、炒、生各一斛。炒麦，黄，莫令焦。生麦，择治甚令精好。种各别磨，磨欲细。磨讫，合和之。”在其他程序中，则包含有不少带有神秘色彩的做法。如在造曲的时间上要求：“七月，取中寅日。使童子著青衣，日未出时，面向杀地，汲水二十斛。”再如，在场地上要求：“屋用草屋，勿使瓦房。地须净扫，不得秽恶，勿令湿。”又如，要组织拜神仪式：“画地为阡陌，周成四巷。作曲人，各置巷中。假置‘曲王’王者五人。曲饼随阡陌，比肩相布。布讫。……主人三遍读文，各再拜。”其中的“三遍读文”，是指读《祝曲文》三遍，以敬告所谓东、南、西、北、中“五方五土之神”，祈请“愿垂神力，勤鉴所愿”。

其实，能不能造出“神曲”，并不取决于敬神不敬神。关键在于把握好各道工艺环节，使得曲霉真菌和它的培养基（麦子、麸皮等）形成块状物的曲酒。《齐民要术》还介绍了其他一些制曲方法，如：作白醪曲法，作秦州春酒曲法，作颐曲法，等等，在其程序中就没有很复杂要求。

宋代的苏轼，曾在《酒经·酿酒法》中谈到他本人制造酒曲的趣事。南方人“以糯与粳，杂以卉药而为饼，嗅之香，嚼之辣，揣之枵（意为空虚）然而轻，此饼之良者也”。苏轼受到启发后，“吾始取面而起肥之，和之以姜液，烝之使十裂，绳穿而风戾之，愈久而益悍，此曲之精者也”。有了好曲后，他精心操作，终于酿出了美酒。

苏轼制作的酒曲，如果按照宋人朱翼中所撰《北山酒经》中的分类标准，恐怕应当列入“风曲”。《北山酒经》把酒曲分为“罨（yǎn）曲”“风曲”“曝曲”三类。“罨曲”，是指在制作中须经覆盖。详细介绍的这类酒曲有：顿递祠祭曲、香泉曲、香桂曲、杏仁曲。“风曲”，是指在制作中须经透风。详细介绍的这类酒曲有：瑶泉曲、金波曲、滑台曲、豆花曲。“曝曲”，是指在制作中须经晒干。详细介绍的这类酒曲有：玉友曲、白醪曲、小酒曲、真一曲、莲子曲。《北山酒经》在论述造曲和酿酒方面，颇有特色，因此，清代歙鲍廷对该书作出了“曲方酿酒，粲然备列”的评语。

到了明代，宋应星《天工开物》中列有“酒母”一章，强调了酒曲的重要性：“凡酿酒必资曲药。咸信无曲，即佳米珍黍，空造不成。”书中还指出：“凡曲麦米面，随方土造，南北不同，其义则一。”并介绍了麦曲、面曲、薏酒曲、豆曲、豆酒曲的制造方法。

随着酿酒业的发展，美酒的品种越来越多。这也表明，“神曲”的品种在不断地增加，并很好地发挥了作用。

谈酒论醋说酸话

清代李汝珍所著《镜花缘》第二十三回“说酸话酒保咬文　讲迂谈腐儒嚼字”中，讲述了商人林之洋在海外淑士国一家酒店饮醋的趣事。林之洋平日里以酒为命，这天到了淑士国酒店，见了酒，心花怒放，举起杯来，一饮而尽。那酒方才下咽，他却紧皱双眉，口水直流，捧着下巴喊道：“酒保！错了！把醋拿来了。”只见旁边座儿有个驼背老者，身穿儒服，面戴眼镜，斯斯文文，自斟自饮，一面摇着身子，一面口中吟哦。正吟得高兴，忽听林之洋大喊大叫说酒保错拿了醋来，便慌忙停止吟哦，连连摇手说：“吾兄既已饮矣，岂可言乎？你若言者，累及我也。我甚怕哉，故尔恳焉。兄耶，兄耶！切莫语之！”

林之洋莫名其妙地说：“俺埋怨酒保拿醋算酒，与你何干？为甚累你？倒要请教，”老者听罢，随即将右手食指、中指放在鼻孔上擦了两擦，发了一通异乎寻常的议论：“先生听者，今以酒醋论之：酒价贱之，醋价贵之。因何贱之？为甚贵之？其所分之，在其味之。酒味淡之，故尔贱之；醋味厚之，所以贵之。人皆买之，谁不知之？他今错之，必无心之。先生得之，乐何如之？弟既饮之，不该言之。不独言之，而谓误之。他若闻之，岂无语之？苟如语之，价必增之。先生增之，乃自讨之；你自增之，谁来管之？但你饮之，即我饮之；饮既类之，增应同之。向你讨之，必我讨之；你既增之，我安免之？苟亦增之，岂非累之？既要累之，你替与之。你不与之，他安肯之？既不肯之，必寻我之。我纵辩之，他岂听之？他不听之，势必闹之。倘闹急之，我惟跑之。跑之，跑之，看你怎么了之？”这一大篇酸话说得大家只有发笑。

林之洋问酒保还有什么好酒，酒保也咬文嚼字地谈论了一番："是酒也，非一类也，而有三等之分焉：上等者其味浓，次等者其味淡；下等者又其淡也。先生问之，得无喜其淡者乎？”于是林之洋等人要了些淡酒，虽觉微微发酸，还可饮得下去。林之洋由此而感叹说："怪不得有人评论酒味，都说酸为上，苦次之。”

上面笑话中对酒醋的评论是否能站得住脚，姑且不谈。先看看醋的来历，就清楚它与酒店的联系了。

醋是谁发明的？据传，竟是我国最早的酿酒发明家杜康。据说，杜康有一次在酒店内酿酒，将酒糟浸在缸里。到了“二十一天”后的“酉时”，当他揭开缸盖后，忽有一股特殊的香味扑鼻而来。他一尝缸里的酒糟水，只觉得酸溜溜、甜滋滋的，味道真好，煮菜时放进去一点，菜吃起来更为可口。于是，杜康就把它叫作“调味浆”。后来，杜康总觉得应该像酒一样，为它起一个专用名词才好，便在考虑好久后，把“二十一天”与“酉时”合在一起，形成了“醋”字，并把醋的酿制技术传了下来。

据文献记载，醋最初的制法是用麦曲使小米饭发酵，生成酒精，再藉醋酸菌的作用，将酒精氧化成醋酸。所以，醋在古代文献上曾被称为“苦酒”。清代汪昂《本草备要》中，就有“醋，一名苦酒”的记述。醋与酒，不论是在制作方法上，还是在酒店里、宴会上，都结下了不解之缘。

传说，著名的酿酒之乡浙江绍兴出过一个笑话。说的是有一家酿酒店，自己在墙壁上题写了十个字：“做酒缸缸好做醋作作酸。”由于中间没有用标点符号断开，便被有的人读为这样两句：“做酒缸缸好做醋，作作酸。”这里说的“一作”是指“一料”，就好像做豆腐整板也叫“一作”一样。后来笑话流传全国，成了“做酒缸缸好，做醋坛坛酸”，更加通俗易懂。这家酒店既做酒，又做醋，很耐人寻味。

明代冯梦龙所辑《广笑府》中，讲过一个卖酸酒的酒店。这个酒店主人不准顾客说酒酸。有一个饮酒者说了声“酸”，便被吊在梁上。一位过路客人质问；为什么要这样做？店主说：“我这店里的酒极好，此人却说酸，你说该不该吊？”客人说：“借一杯让我尝尝。”尝罢，客人便皱着眉头对店主说：“你放了此人，把我吊起来吧！”

清代石成金所撰《笑得好》中，也讲过一个不许说酒酸的酒店。这个酒店把敢说酒酸的顾客锁绑在柱子上。正巧有一个道人，背着一个大葫芦经过店门前，见有人被绑，便询问发生了什么事。店家讲明原因后，道士说：“取一杯给我尝尝看。”道人咬着牙饮了一口，急急跑去。店家见道人不说酒酸很高兴，叫住他说：“你忘记拿大葫芦了。”道人回头摆摆手说：“我不要了，我不要了，你留着踏扁了，做个醋招牌吧！”

唐代李肇所撰《唐国史补》中，记载了一个“呷酒节帅”的故事：一位名叫任迪简的判官，一次赴宴迟到，按规矩该罚酒。倒酒的侍卫一时马虎，错把醋壶当酒壶，给任判官斟了满满的一盅醋。任判官一喝，酸不可忍。怎么办？他知道军使李景治军极严，若讲出来，侍卫必有杀身之祸，于是咬紧牙关，一饮而尽，结果“吐血而归”。

事情传出后，“军中闻者皆感泣”，纷纷颂扬任判官的善良厚道。

这是一个无意间把酒与醋混淆错饮的例子。至于有意把酒与醋混淆来喝，也不乏其例。庞元英所撰《文昌杂录》中，就记载过石曼卿的这种做法。

石曼卿是北宋词人，在喝酒时很喜欢豪饮。石曼卿与布衣刘潜是好朋友，当他在海州任通判时，刘潜来拜访他。两人便相对而坐，斟酒举杯，开怀畅饮。当喝到半夜、酒快要被喝尽时，石曼卿起身寻找，看到还有一斗醋，便拿来倾入酒中，混合在一起继续喝。到天明时，酒与醋都被喝得一点儿不剩了。

酒行药势利于医

传说，唐玄宗李隆基因荒淫无度，落得面黄肌瘦，四肢倦怠。后来，太医面奏了一件奇事：“臣东游，出商洛，闻伏牛山中一老翁，一百四十余岁，有子女五十四人，长子已一百二十三岁，而幼女年方两周。”唐玄宗听了十分惊奇，便派人招来伏牛山老翁。只见老翁鹤发童颜，举止若壮。询问老翁这样健康有什么奥秘，老翁回答：“系采百花之精，方药之神，五眼泉之水酿造美酒，经常饮用所致。”玄宗得到这种美酒，饮用了数日，精神顿觉爽快，便命此酒为“养生酒”。从此以后，秘方沿袭，代代相传。据中医学专家研究认为，养生酒是采用人参、枸杞、金钗、山萸肉、蝮蛇、丁香、五加皮等二十多种中药和优质白酒，以及山泉水浸泡、陈酿、调配而成的。醇香爽口，具有健脑补肾、培元固本、强身延年之功效。美酒和中药相结合，即会产生如此明显的作用力。

中医认为，“酒为百药之长”。药酒的应用，在古籍中早有记述。据后人考证，甲骨文中记载的“鬯其酒”，就属于一种芳香性的药酒。现存最早的医典《黄帝内经》中，记载了十三个方剂，其中就有“汤液醪醴”治病的叙述。东汉张仲景在《伤寒杂病论》中，已应用“红兰花酒”治疗妇科疾病。据《三国志》《后汉书》等记载，东汉末年的华佗，已能采用给病人酒服麻沸散的方法，施行全身麻醉，然后进行腹腔手术。隋唐以后，药酒开始成为中医临床治疗的常用剂型。唐代名医孙思邈《千金要方》和《千金翼方》中记有多种药酒，如巴戟天酒、五加酒、虎骨酒、登仙酒、枸杞酒等。其中的虎骨酒，据考，其名最早见于唐代王焘《外台秘要》，在《千金要方》之前。至宋代，许叔微《普济本事方》、严用和《济生方》均收有该药酒的配方，功能是祛风活血，强筋壮骨，为治疗筋骨疼痛、四肢麻木、腰膝酸痛等症的良药。

“药家多用，以行其势”。这是南朝梁医学家陶弘景对酒的评价。清代汪昂也综合历代医家的见解，在《本草备要》中作出这样的分析：酒“用为响导，可以通行一身之表，引药至极高之分”，“少饮则和血行气，壮神御寒，遣兴消愁，辟邪逐秽，暖水脏，行药势”。

说到辟邪逐秽，《博物志》上曾记载过一件事：“王肃、张衡、马均三人，冒雾晨行。一人饮酒，一人饱食，一人空腹。空腹者死，饱食者病，饮酒者健。”看来，三人是在毒雾中行走的，结果饮酒的比吃饭的抵抗力还要强，于是被评论为：“此酒势辟恶，胜于作食之效也。”

由于酒的功效显著，李时珍在《本草纲目》中，用大量篇幅进行论述，不仅讲了许多以酒行药的“附方”，而且列了很多“酒方”。李时珍说：“本草及诸书，并有治病酿酒诸方，今辑其简要者，以备参考，药品多者，不能尽录。”其所录酒方有以下六十九种：

愈疟酒。治诸疟疾。

屠苏酒。元旦饮之，辟疫疠一切不正之气。

逡巡酒。补虚益气，去一切风痹湿气，久服益寿耐老，好颜色。

五加皮酒。去一切风湿痿痹，壮筋骨，填精髓。

白杨皮酒。治风毒脚气，腹中癖如石。

女贞皮酒。治风虚，补腰膝。

仙灵皮酒。治偏风不遂，强筋健骨。

薏苡仁酒。去风湿，强筋骨，壮腰膝，健脾胃。

天门冬酒。润五脏，和血脉，久服除五劳七伤，癫痫恶疾。

百灵藤酒。治诸风。

白石英酒。治风湿周痹，肢节湿痛，及肾虚耳聋。

地黄酒。补虚弱，壮筋骨，通血脉，治腹痛，变白发。

牛膝酒。壮筋骨，治痿痹，补虚损，除久疟。

当归酒。和血脉，坚筋骨，止诸痛，调经水。

菖蒲酒。治三十六风，一十二痹，通血脉，治骨痿，久服耳目聪明。

枸杞酒。补虚弱，益精气，去冷风，壮阳道，止目泪，健腰脚。

薯蓣酒。治诸风寒眩晕，益精髓，壮脾胃。

茯苓酒。治头风虚眩，暖腰膝，主五劳七伤。

菊花酒。治头风，明耳目，去痿痹，消百病。

黄精酒。壮筋骨，益精髓，变白发，治百病。

桑葚酒。补五脏，明耳目，治水肿。

术酒。治一切风湿筋骨诸病，驻颜色，耐寒暑。

蜜酒。孙真人曰：治风疹风癣。

蓼酒。久服聪明耳目，脾胃健壮。

姜酒。治偏风中恶疰忤，心腹冷痛。

葱豉酒。解烦热，补虚劳。

茴香酒。治卒肾气痛，偏坠牵引，及心腹痛。

缩砂酒。消食和中，下气止心腹痛。

葱根酒。治心中客热，膀胱胁下气郁。

茵陈酒。治风疾筋骨挛急。

青蒿酒。治虚劳久疟。

百部酒。治一切久近咳嗽。

海藻酒。治瘿气。

黄药酒。治诸瘿气。

仙茆酒。治精气虚寒，阳痿膝弱，腰痛痹缓，诸虚之病。

通草酒。续五脏气，通十二经脉，利三焦。

南藤酒。治风虚，逐冷气，除痹痛，强腰脚。

松液酒。治一切风痹脚气。

松节酒。治冷风虚弱，筋骨挛痛，脚气缓痹。

柏叶酒。治风痹历节作痛。

椒柏酒。元旦饮之。辟一切疫疠不正之气。

竹叶酒。治诸风热病，清心畅意。

槐枝酒。治大麻痿痹。

枳茹酒。治中风身直口僻眼急。

牛蒡酒。治诸风毒，利腰脚。

巨胜酒。治风虚痹弱，腰膝疼痛。

麻仁酒。治骨髓风毒，痛不能动者。

桃皮酒。治水肿，利小便。

红曲酒。治腹中及产后瘀血。

神曲酒。治闪腰痛。

柘根酒。治耳聋。

磁石酒。治肾虚耳聋。

蚕沙酒。治风缓顽痹，诸节不随，腹内宿痛。

花蛇酒。治诸风顽痹瘫缓挛急疼痛恶疮疥癞。

乌蛇酒。治疗酿法同上。

蚺蛇酒。治诸风痛痹，杀虫辟瘴，治癞风疥癣恶疮。

广西蛇酒。祛风通络，行气活血，滋阴壮阳，祛湿散寒。

蝮蛇酒。治恶疮，诸瘘恶风，顽痹癫疾。

紫酒。治卒风口偏不语，及角弓反张，烦乱欲死，及鼓胀不消。

豆淋酒。破血去风。治男子中风口㖞，阴毒腹痛，及小便尿血，妇人产后一切中风诸症。

霹雳酒。治疝气偏坠，妇人崩中下血，胎产不下。

龟肉酒。治十年咳嗽。

虎骨酒。治臂胫疼痛，历节风，肾虚，膀胱寒痛。

麋骨酒。治阴虚肾弱，久服令人肥白。

鹿头酒。治虚劳不足，消渴，补益精气。

鹿茸酒。治阳虚痿弱，小便频数，劳损诸虚。

戊戌酒。大补元阳。

羊羔酒。大补元气，健脾胃，益腰肾。

腽肭脐酒。助阳气，益精髓，破症结冷气，大补益人。

上述各种药酒，或以植物酿制，或以动物的某一部位酿制，或以金属浸制（如霹雳酒“以铁器烧赤，浸酒饮之”），均有一定的医疗效果。

明代高濂在《遵生八笺》中，也列出“酝造类”十七种。计有：桃源酒、香雪酒、碧香酒、腊酒、建昌红酒、五香烧酒、山药酒、葡萄酒、黄精酒、白术酒、地黄酒、菖蒲酒、羊羔酒、天门冬酒、松花酒、菊花酒、五加皮三酘酒。这些酒，按照高濂的声明是：“此皆山人家养生之酒，非甜即药，与常品迥异，豪饮者勿共语也。”

长期以来，人们很喜欢饮用养生酒和药酒。仅从与松树有关的三种药酒来看，就有不少饮用的事例和吟咏。如唐代刘禹锡《送王师鲁协律赴湖南使幕》中，有“橘树沙州暗，松醪酒肆香”的诗句；李商隐《复至裴明府所居》中，有“赊取松醪一斗酒，与君相伴洒烦襟”的诗句；北周庾信《赠周处士》中，有“方欣松叶酒，自和游仙吟”的诗句；唐人岑参《题井径双溪李道士所居》中，则有“五粒松花酒，双溪道士家”的诗句。

现今比较常用的传统药酒有：虎骨木瓜酒、史国公药酒、冯了性药酒等多种。

酒佐烹饪味无穷

酒店常烧名菜。宋人吴自牧在《梦粱录》卷十六里，记述南宋时代都城临安（今杭州）“分茶酒店”的情况时，所列的下酒菜中，竟有一二十种带着“酒”字：盐酒腰子、酒蒸鸡、酒蒸羊、酒烧香螺、酒烧江瑶、酒炙青虾、酒法青虾、酒掇蛎、生烧酒蛎、姜酒决明、酒蒸石首、酒吹鲚（jì）鱼、酒法白虾、五味酒酱蟹、酒泼蟹、酒烧蚶子、酒焐鲜蛤……酒与烹饪的联系，由此可见一斑。

我国的烹饪历史悠久，闻名世界，是中华民族灿烂文化的一部分。之所以能烹饪出品种丰富、色香味俱全的菜肴，除了物产丰盛、技术精湛等原因外，具有种类多、品味全、调味作用复杂的调味品，也是一个重要的因素。调味品是加入主食原料，使其滋味发生变化的佐料，主要有油类、盐酱类、香类、甜类、茶、醋、料酒、糟、味精、色素。其中，料酒指的是黄酒，在烹调中有着广泛的使用。其他酒类在烹饪中也是不可缺少的角色。

酒能去除水产品的腥味。水产品中都含有极丰富的蛋白质，由于细菌污染后，蛋白质容易被分解成三甲基胺、六氢化吡啶、氨基戊醛和氨基戊酸等。令人讨厌的腥味，就是这些物质尤其是三甲基胺引起的。在烹饪时加入适量的酒，就能使腥味挥发掉。除料酒以外，白酒和果酒也都可以，酒中的乙醇是很好的有机溶剂，三甲基胺等产生腥味儿的物质能够被乙醇溶解。水产品中的龟、鳖一类动物很难煮熟，唐人陈京《葆光录》和明代文学家祝允明《九朝野记》中，都记载过用锅煮鳖很久，鳖仍能伸缩头、足的事例。然而，龟、鳖却经不起酒烹。唐佚名撰《玉泉子》就讲过一件趣事：有一个名叫李詹的人很爱吃鳖。每当得到鳖，他便巧妙地“缄其足，暴于烈日，鳖既渴，即饮以酒而烹之”，结果“鳖方醉而熟”。清代汪昂在《本草备要》中有过“酒醋无所不入”的议论，看来，说得很有道理。

酒还能为菜肴增加美味。这是因为酒中的乙醇能生成富有香味儿的脂，可使菜肴香气浓郁，鲜美可口。历代烹饪著作都强调使用酒类。如《宋氏养生部》一书，是明代弘治十七年（1504）松江地区的宋诩，综述烹调经验而作成，其中就有“酒制”一类，下分若干细目，记载了多种食品的酒制法。各种有关资料还表明，在我国各大菜系的一般烹调方法中，炒、烧、熘、蒸、炖、烩、炸、拌、卤、氽等，都离不开酒。例如：

具有川菜风味的“豆瓣肥头鱼”，宰鱼须用酒拌腌，下锅后须加酒焖。“怪味鸡丝”煮鸡时须汤中加酒，调拌时须淋上含酒在内的怪味汁。

具有粤菜风味的“干煎虾碌（段）”，大虾入锅后须洒上黄酒等，中火微煎。

具有鲁菜风味的“金盏鲜贝”，入锅前须用酒等腌好。“烩鲍鱼三丁”，锅内须放入酒煮，捞出后还须淋上含酒在内的味汁。

具有苏菜风味的“醉蟹”，是选用阳澄湖大闸蟹六只，洗净滤干，活放入瓮内。将苏州特产福珍酒250克倒入蟹瓮内，以酒浸没蟹为度，再放上花椒、橘皮、姜片，密封一周后，即可取食（天热可缩短至三天）。

具有京菜风味的“干贝熘鸡脯”，用大油锅炸鸡糊成豌豆大小的球，捞出后须加酒等调料。

具有扬州风味的“蛋美鸡”，蒸鸡时须放酒、葱姜、盐再上笼。

具有徽菜风味的“家乡肉”，其中有一道工序是将丁香、桂皮细末放进肉中，加酒等调料将肉腌渍三四天左右。

具有闽菜风味的“生烤龙虾”，烤前须加花椒、酒等调料，并用热猪油浇在虾上。

具有鄂菜风味的“武昌鱼”，上蒸笼前须加酒和姜葱。

具有东北风味的“烧口蘑”，须待锅内油热，加鸡汤，放入花椒水、酒、味精、白糖后，把口蘑、笋片倒入，烧开移小火煨。

具有浙菜风味的“西湖醋鱼”，是在锅内放清水烧开，先放带脊骨的半片鱼，再将鱼尾放上，最后放另一片鱼，烧沸使鱼熟，最后锅内留半斤汤水，放酒、酱油、姜末，将鱼捞起，放入盘内。这时，在锅内原汤汁中加糖、姜、湿淀粉和醋调匀成芡，烧开后搅拌成浓汁，浇遍鱼身即成。

具有沪菜风味的“酱汁排骨”，将排骨在油内炸至金黄色捞出后，锅内留少许油，须加入黄酒等调味品，再放入排骨继续加工。

许多具有民族风味的菜肴，也离不开酒。如新疆手抓羊肉、新疆砂锅羊肉等，也须用料酒作调料。

有趣的是，一些厨师还根据典故创造了酒味浓厚的菜肴。如北京名菜“贵妃鸡”，就是由北京广和居饭庄的牟厨师，根据唐代杨贵妃“酒醉百花亭”的故事创制而成，主要原料是嫩母鸡与酒。

酒在食品加工保藏方面也大有用武之地。清代曾懿所撰《中馈录》中，总结了二十种食品的制造和贮藏的方法。其中有“制糟鱼法”“制醉蟹法”“制糟蛋法”“制甜醪酒法”。

糟蛋是人们所喜爱的一种食品。这种蛋需用酒糟等腌制，方法是将鸡蛋、鸭蛋或鹅蛋用酒糟、盐及醋腌4—5个月后即可成熟。香味浓厚，蛋白似乳白胶冻，蛋黄软，色橘红。

人们还喜欢用酒渍法。即把原料经过适当处理后加糟（酒酿或酒糟）封藏，经一定时间成熟后食用。这种方法常用于鱼、肉、禽、蛋等食品的加工。即使短时间的、部分的浸渍，也可使食品得到更好的保存。如得了鲜鱼，暂时来不及烹饪，只要在鱼鳃中塞进泡有酒的棉球，就能保鲜了。

至于新鲜蔬菜，则多用“泡”的方法：将加工晾干的原料没入以酒、盐、调味品等特制的卤水中，放在特制的泡菜坛子中使之成熟。泡菜风味独特，清香爽口，有些品类可储藏两年之久，这不能不归功于酒的功效。

酒器花样常翻新

有了酒，就需要酿酒、贮酒、饮酒的器具，因此，最早的酒字写作“酉”，是酒器的象形字。人们对酒器的需要，又促进了陶器和青铜器、手工业和冶金业的发展。据说在商代的十三族中，就有“长勺氏”和“尾勺氏”两个以做酒器为生的部族。

实际上，早在5000年前的龙山文化时期，在今河南、山东一带，就已出现了用黑陶制作的、不同用途的酒器，如樽、斝、杯、缶等，标志着酒文化已有了一定的发展。各地出土的商代饮器和贮酒器数量很大，品种很多，有铜制的，也有陶制的，都相当精致。

据《尚书·微子》记载，商代的奴隶主贵族“沉酗于酒”。《诗经·大雅·荡》也用“天不湎尔以酒，不义从式。既愆尔止，靡明靡晦；式号式呼，俾昼作夜”来描述他们颠倒昼夜、狂欢纵饮的情形。当时所喝的酒，见之于甲骨文的，已有酒（黄酒）、鬯（香酒）、醴（甜酒）、新醴、旧醴等多种。酒器也多种多样。例如，在商代盘庚至纣时期王都所在地殷墟出土的酒器中，就有酿酒的罍（léi），贮酒的壶，贮酒备斟的尊，盛酒备移送的卣（yǒu），温酒的盉（hé）、斝（jiǎ）、爵，饮酒的觚、觯（zhì），斟酒的斗，等等，形态各异。再如，商代第23个帝王武丁的妻子妇好的墓中，随葬的青铜礼器有210件，其中酒器就占了四分之三，而且多为重器，造型奇特，设计精巧，非其他的炊器、食器、水器可比。此外，还有极少数用白色大理石雕琢的酒器。如有一种石觯（zhì），通高15.7厘米，口径长11.2厘米，口壁厚0.5厘米，形状与同墓所出的铜觯十分类似，器身与盖面均雕有精细的兽面纹。

周代以后的酒器，品种越来越多，制作工艺也更为精美。有不少珍贵酒器被作为国宝，现藏北京故宫博物院。现仅举三例如下：

一是“立鹤方壶”。为盛酒礼器，堪称春秋一代青铜工艺的佳作。高125.7厘米，样式高大奇伟，纹饰别致。盖顶呈现双重莲花瓣状，中间挺立一鹤，展翅欲飞。器身上下饰蟠龙纹，前后两面各有一大蛇头居中，左右各有七个小蛇头，下有二鸟，身尾延长蟠结像蛇。双耳衔环作龙形，回首吐舌，身体悬空有透孔，腹四角着飞龙，脊着飘带。颈前后伏蟠龙。两足似虎非虎，头上有角像龙，负重托起方壶。这件铜器结构复杂，制作技术精妙，是中国铸造工艺史上的杰作。

二是“螭梁盉”。盉是一种与酒壶相类的青铜酒器，器腹下有三只矮足，可以用来温酒。“螭梁”是就造型和装饰而言。盉体呈扁圆形，一端伸着一只开口睁眼雕饰工丽的鸟头，提梁为螭形。螭是古代传说中没有角的龙，螭首挨近鸟冠，尾下垂。盉直口上有盖，上有猴形纽。腹下三只异兽形足，呈现人面鸟嘴、四爪有尾的形象。身上两爪各抓一蛇，蛇身缠绕于腰及肩上，蛇首贴于腹部乳下。通体分两层，饰连云纹和螭鸟组成的花纹。这件酒器的造型和工艺，在战国铜器中是较为突出的。

三是“错金银鸟耳壶”。这件盛酒青铜器是战国时期许多伟大精美的古代艺术品之一。壶高36.5厘米，大口，圆腹、矮圈足。口沿下有一圈镂空的夔龙纹。颈上镶嵌有绿松石和红蓝宝石，与错金银云纹相勾连，构成优美的几何图案，看去富丽精美。肩上一边一个卧态的鸟耳，耳上系环。这件酒器是古代劳动人民智慧的结晶。

自古以来，常用的酒杯等器具，也有许多种类和品级。如明代文学家袁宏道在《觞政》中评论“杯勺”时，就列举过：“古玉及古窑器上，犀玛瑙次，近代上好瓷又次，黄白金叵罗下，螺形锐底数曲者最下。”

由于地位或喜好的不同，古人在使用酒器时有很大的差异。既使用传统的酒器，又使用特制的酒器，这就使得酒器的花样更为繁多。古籍中对此也有大量记载。现介绍部分如下：

古代有一种盛酒的祭器，倾斜易覆，叫作“欹器”。这种酒器很独特，即里面装上一半酒时就摆正了，酒一盛满时就倾覆了。孔子曾经借用鲁桓公庙里的欹器，给学生讲授要克服自满、保持谦虚的道理。

据《宋书》记载，汉章帝西巡，在岐山得到一件形状像酒樽的铜器，便命人早晚用来为百官热酒。

据《神仙传》记载，葛仙翁斩皂荚树，制成酒杯，用来盛酒，酒味更加美妙。

据林洪《山家清事·酒具》记载，古时有一种形状扁如鳖的盛酒器，长约五尺，旧名“偏提”，也有人称为“酒鳖”。

据《逢原记》载，唐代李适之“有酒器九品：蓬莱盏、海川螺、舞仙盏、瓠子卮、幔卷荷、金蕉叶、玉蟾儿、醉刘伶、东溟样”。这九种酒器比较精妙。如蓬莱盏，“上有山，象三岛，注酒以山没为限”。再如舞仙盏，设有机关转纽，“酒满则仙人出舞，瑞香球落盏外”。

据范成大《桂海虞衡志》记载，海边的人把牛角截平，用来饮酒，称为“牛角杯”。

据《池北偶谈》记载，泰兴季御史家有古玉酒杯，称为“九尾觥”，用上等脂玉制成，中间作有盘螭，即盘卧无角之龙，螭有九尾，血赤的螭首作在柄处，觥底有孔，与螭尾通，九尾都是虚空的，注酒后均灌满，令人赞叹。

据《拾遗记》载，东晋十六国时，后赵石虎于太极殿建楼，高四十丈，上有铜龙，腹空，可盛酒数百斛，使人于楼下嗽酒，风至，望之如雾，名曰粘酒台，用来洒尘。

冯梦龙《古今谭概》中，讲过一种怪诞的“鹿肠”酒具。虢国夫人常在屋内梁上悬挂鹿肠。平时纽结之。每逢酒宴，则解开之，并从梁上往鹿肠内注入美酒，赴宴的人们在下面以杯承接饮酒。由于杯内酒来自鹿肠“洞天”，所以被称为“洞天圣酒”。《云仙杂记》则称这种酒具为“洞天瓶”。

在明代曹臣编纂的《舌华录》中，记载有这样一个故事：每当酷暑时节，李宗闵常常来到莲花池边，采摘荷叶作为酒杯。饮用时，手拿荷叶杯，放在靠近嘴的位置，用筷子在荷叶上刺一个洞，使酒流入口中。类似的故事，在《酉阳杂俎》中也有记述：郑公悫三伏天率领属僚避暑，取大莲叶，放置在砚格上，盛酒二升，以簪刺叶，使叶与柄相通，制作得如大象鼻子一样，大家传递着吸酒。酒中伴有莲叶气，香冷胜于水。这种酒具被称为“碧筒杯”。

在唐代元稹《酬孝甫见赠》诗中，有“野诗良辅偏怜假，长借金鞍迓酒胡”之句。酒胡，是古代劝人饮酒之具。其形态是刻木为人，尖锐部朝下，置于盘中，左右倾斜如舞，视其传筹所至，或视其倒下时的指向，而判定应饮酒者。五代王定保《唐摭言》载，唐人卢旺晚年失意，赋《酒胡子》长歌一篇，描述说：“胡貌类人，亦有意趣，然而倾侧不定，缓急由人，不在酒胡也。”并作《酒胡歌》以诮曰：“酒胡一滴不入肠，空令酒胡名酒胡。”

据《啸亭杂录》载，清代乾隆十年（1745），承光殿南特地建立一个石亭，用以放置元代的大型玉瓮酒器。玉瓮用带有白色图纹的黑玉制作，刻有鱼兽出没波涛之状。其径四尺五寸，高二尺，围圆一丈五尺，可贮酒三十余石。

清代诗人王芑孙在《西陬牧唱》中，曾谈到皮囊酒具。他在乾隆五十三年（1788）五月出塞后，有感于西域山川风味之殊，服物语言之别，占作绝句六十章。其中有“本匕桦灯陈玉醴，皮囊取醉贺丰年”之句，并自注云：“准人缝皮为袋，中盛牲乳，束其口，久而成酒。味微酢，谓之挏酒。”清代浙江乌程人施补华在《马上闲吟》一诗中，也提到皮囊酒具：“密藏马乳旋成酒，细醮牛酥待点茶。”

居住在云南省北部的独龙族人，自古以来喜欢用竹筒酿酒。据说，用竹筒酿制出的水酒，味道比用土坛酿制出的水酒更美。

主要参考文献

一、古代文献

［1］《四书五经》，天津市古籍书店，1988年。

［2］《旧唐书》，上海古籍出版社、上海书店，1986年。

［3］《新唐书》，上海古籍出版社、上海书店，1986年。

［4］《全唐诗》，上海古籍出版社，1986年。

［5］［战国］吕不韦等：《吕氏春秋》，岳麓书社，1989年。

［6］［汉］刘向：《战国策》，岳麓书社，1988年。

［7］［东汉］许慎：《说文解字》，中华书局，1963年。

［8］［北魏］杨衒之：《洛阳伽蓝记》，北京燕山出版社，1998年。

［9］［北魏］贾思勰：《齐民要术》，上海书店，1987年。

［10］［南朝宋］刘义庆：《世说新语》，人民教育出版社，2019年。

［11］［唐］薛用弱：《集异记》，中华书局，1980年。

［12］［唐］李肇：《唐国史补》，中华书局，2021年。

［13］［五代］王定保：《唐摭言》，上海古籍出版社，1978年。

［14］［宋］王钦若等：《册府元龟》，中华书局，1988年。

［15］［宋］窦苹：《酒谱》，中华书局，2010年。

[16] [宋] 吴自牧：《梦粱录》，浙江人民出版社，1980年。
[17] [宋] 朱翼中：《北山酒经》，上海书店，1987年。
[18] [宋] 李保：《续北山酒经》，上海书店，1987年。
[19] [宋] 张能臣：《酒名记》，上海书店，1987年。
[20] [宋] 苏轼：《酒经》，上海书店，1987年。
[21] [宋] 叶梦得：《石林诗话》，人民文学出版社，2011年。
[22] [元] 宋伯仁：《酒小史》，上海书店，1987年。
[23] [元] 曹绍：《安雅堂酒令》，上海书店，1987年。
[24] [明] 冯梦龙：《喻世明言》，陕西人民出版社，1985年。
[25] [明] 冯梦龙：《古今谭概》，河北人民出版社，1985年。
[26] [明] 冯梦龙：《广笑府》，荆楚书社，1987年。
[27] [明] 曹臣：《舌华录》，岳麓书社，1985年。
[28] [明] 罗贯中：《三国演义》，人民文学出版社，1990年。
[29] [明] 施耐庵：《水浒传》，人民文学出版社，1985年。
[30] [明] 高濂：《遵生八笺》，上海书店，1987年。
[31] [明] 宋应星：《天工开物》，上海书店，1987年。
[32] [明] 袁宏道：《觞政》，上海书店，1987年。
[33] [明] 谢肇淛：《五杂俎》，上海书店，1987年。
[34] [明] 李时珍：《本草纲目》，上海书店，1987年。
[35] [清] 顾炎武：《日知录》，上海书店，1987年。
[36] [清] 沈德潜：《古诗源》，中华书局，1963年。
[37] [清] 曹雪芹：《红楼梦》，人民文学出版社，1979年。
[38] [清] 李汝珍：《镜花缘》，上海古籍出版社，2005年。
[39] [清] 蒲松龄：《聊斋志异》，岳麓书社，1988年。
[40] [清] 纪昀：《阅微草堂笔记》，天津古籍书店，1980年。

［41］［清］蔡祖庚：《嬾园觞政》，上海书店，1987年。

［42］［清］汪昂：《本草备要》，人民卫生出版社，1963年。

［43］［清］李宝嘉：《官场现形记》，人民文学出版社，1996年。

［44］［清］古吴墨浪子：《西湖佳话古今遗迹》，上海古籍出版社，1980年。

二、近现代著述

［1］鲁迅：《中国小说史略》，人民文学出版社，1981年。

［2］瞿兑之：《人物风俗制度丛谈》，上海书店，1988年。

［3］金循化、万玉兰：《词林遗事》，辽宁教育出版社，1986年。

［4］钱仲联等：《中国文学大辞典》，上海辞书出版社，1997年。

［5］丘恒兴：《中国民俗采英录》，湖南文艺出版社，1987年。

［6］余冠英选注：《汉魏六朝诗选》，人民文学出版社，1958年。

［7］杨金鼎主编：《古文观止全译》，安徽教育出版社，1984年。

［8］唐圭璋编：《全宋词》，中华书局，1965年。

［9］刘叶秋：《历代笔记概述》，中华书局，1980年。

［10］张崇发：《中华名胜古迹趣闻录》，内蒙古人民出版社，1984年。

［11］张过、刘新志：《中华名胜楹联集》，新华出版社，1986年。

［12］郭伯南：《文物漫话》，上海教育出版社，1987年。

［13］胡山源：《古今酒事》，上海书店，1987年。

［14］吴蔼宸：《历代西域诗钞》，新疆人民出版社，1982年。

［15］谷苞：《新疆历史丛话》，新疆人民出版社，1963年。

［16］《修武县志》，河南人民出版社，1986年。

［17］惠西成、石子：《中国民俗大观》，广东旅游出版社，

1988年。

［18］徐嘉生、马静承：《饮酒与健康》，中国轻工业出版社，1985年。

［19］上海中医学院编：《医古文讲义》，人民卫生出版社，1960年。

［20］肖钦朗：《瓜果疗法》，福建科学技术出版社，1981年。

［21］刘普伟、刘云：《说酒》，中国轻工业出版社，2004年。

［22］王庆新：《古今神童才女妙对》，山东人民出版社，1988年。

附　录

全国评酒列名优

在我国历史上，曾有一些人很善于品酒。他们眼观其色，鼻闻其香，嘴尝其味，便能准确地鉴别出酒的优劣。这种用感官品评酒质的做法，目前仍被广泛地重视和采用。尽管随着科学技术的发展，现代人对品酒提出许多严格的要求，常常要根据化验分析结果，来鉴定产品的理化质量标准，但是还必须经过人的感官品评，才能确定它们的色、香、味是否为人们所喜爱。这是因为，酒类产品的香味成分，是由比较复杂的微量成分所组成，单靠采用仪器分析与化学分析等方法，目前还不能全部测知。

我国历届评酒会所采用的主要方法，就是感官品评。每次评酒，对选定评酒人员有一定的标准。评酒员一般可分为厂、市、省、部等几个级别。国家级评酒员不仅要求会评酒，而且还要有一定的学历和职称才行。评酒会的评酒员，是经过严格的考试从基层单位择优选拔的。同时，对评酒的环境、评酒所用的酒杯、评酒的程序、评酒的记分标准等，都有很多具体的要求。评酒需要通过以下“三关”：

一是抽样审查关。凡是参加全国评酒会的酒，必须是省、部优产品，而且其产量在50吨以上。抽样一般是从一吨酒中取出一箱，这一箱是评委会抽样组随机从仓库或市场中挑选的。参加评酒的生产厂和酒名均严格保密。评酒时再将原装的酒统一倒入评酒专用的器皿里，然后进行编号和编组。酒样编组是根据无色和有色。酒的度数是由高到低。香型编排顺序是：清香、米香、其他、酱香、浓香型。质量排列是以普通、中档、高档为序。评酒会是按白酒、果酒、啤酒分类召开。

二是品尝关。全国白酒评酒会，一般是一天评四轮，每天评出二十种酒。评酒的时间很严格，常定在上午9—11点，下午3—5点。在评酒期间，评酒员不能食用辛辣等有刺激性的食物，不能喷香水、擦香粉，也不能感冒。工作人员也不准用香洗涤剂洗刷盛酒的器皿，而要在酒杯底下垫一张白纸，也便于评酒员鉴别酒的颜色和清晰度。评酒员要观色、闻香、尝味，再定出酒的风格来。每次品尝的酒入口量为0.5—1毫升。酒的黏、醇、幽雅等程度，完全靠评酒员个人来体会。为了冲淡酒的刺激性，每品完一种酒，要吃些橘子、西瓜等水果。品完后，还要把每杯中剩余的酒倒出，经过半小时的检验，得知酒杯留下香味的持久程度。最后，评委们根据各自掌握的色、香、味、风格以及空杯留香时间长短等，按百分制逐项打分。只有综合分够90分以上的才能被判定为国家名酒，而85分以上就只能被评为省内名酒了。

三是复审关。评酒会期间一般是不直接公布评酒结果的，因为评选结果还需要评比小组去工厂进行实地复查。复查的内容，主要是看该厂的各项经济指标，如年产量、生产工艺、生产成本、质量管理等。

从上述情况来看，我国历次评出的名酒，都是要经过一个比较复杂的评比过程，才被确定下来的，所以也是名副其实的。

在历届评酒会上，能够通过几关的激烈竞争，跻身于名酒和优质酒的行列，是很不容易的。凡入选者，均有其优点和特长，并得到感官品评的承认。现仅以第三届评酒会上评选出的18种全国名酒为例，从感官品评的角度见识一下它们的特点：

贵州茅台酒，香气柔和持久，口感醇厚软润，滋味悠长回甜。

山西汾酒，度数高而不刺激，幽雅纯正，绵甜味长，色、香、味三绝。

四川宜宾五粮液，以“喷香”闻名，开瓶时浓香扑鼻，入口后溢香不尽。

四川绵竹剑南春，是白酒中的浓香型大曲酒，有独特的曲酒香味。

安徽亳县古井贡酒，香醇如幽兰，回味悠长，经久不散，倒入杯中，如黏液之挂杯。

江苏泗阳洋河大曲，浓香型白酒，酒质具有色、香、甜、浓、郁五字风格。

四川泸州老窖特曲，有浓香、醇和、味甜、回味长四大特点。

贵州遵义董酒，有大曲酒的浓郁、芳香，又有小曲酒的醇和回甜，风味独特。

浙江绍兴加饭酒，含丰富有益人体的成分，香气浓，风味独特。

福建龙岩沉缸酒，含适量氨基酸，甘甜而不黏稠，酒的辣味、酸的鲜美、曲的苦辛同时具备。

山东烟台红葡萄酒，有突出的玫瑰香葡萄香味，甜酸适口，微涩。

北京的中国红葡萄酒，色泽美，有浓郁的葡萄香和酒香，回味深长。

河北沙城白葡萄酒，色淡黄、微绿，味如鲜果。

河南民权白葡萄酒，麦秆黄色，酸甜适度，柔和爽口。

山东烟台味美思，香型葡萄酒加料补酒，配入藏红花、豆蔻、丁香、肉桂等数十种中药材汁，滋味甜，微酸苦。

山东烟台金奖白兰地，有浓郁的葡萄香味，饮时微苦，后味持久。

山西竹叶青，以汾酒加竹叶、陈皮、当归等十多味中药配制而成，金黄透明而带青碧，有汾酒和药材形成的独特香气，甜绵而微苦。

山东青岛啤酒，二氧化碳充足，味道柔和，有明显的酒花香和麦芽香。

我国获奖名酒、优质酒名录

1952年第一次评选出的八大国家名酒

酒名	产地
茅台酒	贵州仁怀
汾酒	山西汾阳
泸州老窖特曲	四川泸州
西凤酒	陕西凤翔
玫瑰香红葡萄酒	山东烟台
味美思（加料葡萄酒）	山东烟台
金奖白兰地	山东烟台
加饭酒（黄酒）	浙江绍兴

注：此一览表引自刘普伟、刘云编著《说酒：中外酒文化大观》，中国轻工业出版社，2004年；孙中林《酒文化文集》，知识出版社，2003年。

1963年第二次评选出的十八种国家名酒

类别	酒名	产地
白酒类（八种）	茅台酒	贵州仁怀
	五粮液	四川宜宾
	古井贡酒	安徽亳县

续表

类别	酒名	产地
白酒类（八种）	泸州老窖特曲	四川泸州
	董酒	贵州遵义
	汾酒	山西汾阳
	全兴大曲酒	四川成都
	西凤酒	陕西凤翔
黄酒类（二种）	绍兴加饭酒	浙江绍兴
	龙岩沉缸酒	福建龙岩
葡萄酒、果露酒类（七种）	白葡萄酒	山东青岛
	味美思（加料葡萄酒）	山东烟台
	玫瑰香红葡萄酒	山东烟台
	金奖白兰地	山东烟台
	中国红葡萄酒	北京
	特制白兰地	北京
	竹叶青	山西汾阳
啤酒	青岛啤酒	山东青岛

1963年评选出的二十七种国家优质酒

酒名	产地
龙滨酒	黑龙江哈尔滨
哈尔滨老白干	黑龙江哈尔滨
凌川白酒	辽宁锦州
大连黄酒	辽宁大连
双沟大曲酒	江苏泗洪
醇香酒	江苏苏州
三花酒	广西桂林

续表

酒名	产地
湘山酒	广西全州
寿生酒	浙江金华
福建老酒	福建福州
沧州白酒	河北沧州
合肥白酒	安徽合肥
德山大曲酒	湖南常德
即墨老酒	山东即墨
长白山葡萄酒	吉林新站
通化葡萄酒	吉林通化
中华牌桂花酒	北京
民权红葡萄酒	河南民权
山楂酒	辽宁沈阳
广柑酒	四川渠县
香梅酒	黑龙江一面坡
中国熊岳苹果酒	辽宁熊岳
五加皮酒	广东广州
荔枝酒	福建漳州
十四度上海啤酒	上海
特制五星啤酒	北京
特制北京啤酒	北京

注：以上两个一览表引自刘普伟、刘云编著《说酒：中外酒文化大观》，中国轻工业出版社，2004年；孙中林《酒文化文集》，知识出版社，2003年。

1979年第三次评选出的十八种国家名酒

类别	酒名	产地
白酒类（八种）	茅台酒	贵州仁怀茅台酒厂
	汾酒	山西汾阳杏花村汾酒厂
	五粮液	四川宜宾五粮液酒厂
	剑南春	四川绵竹酒厂
	古井贡酒	安徽亳县古井酒厂
	江苏洋河大曲	江苏泗阳洋河酒厂
	泸州老窖特曲	四川泸州曲酒厂
	董酒	贵州遵义董酒厂
黄酒（二种）	绍兴加饭酒	浙江绍兴酿酒厂
	龙岩沉缸酒	福建龙岩酒厂
葡萄酒、果露酒（七种）	烟台红葡萄酒	山东烟台葡萄酿酒公司
	中国红葡萄酒（甜）	北京东郊红葡萄酒厂
	沙城白葡萄酒	河北沙城酒厂
	民权白葡萄酒（甜）	河南民权葡萄酒厂
	烟台味美思	山东烟台葡萄酿酒公司
	烟台金奖白兰地	山东烟台葡萄酿酒公司
	竹叶青	山西汾阳杏花村汾酒厂
啤酒	青岛啤酒	山东青岛啤酒厂

1979年评选出的四十七种国家优质酒

类别	酒名	产地
白酒类（十八种）	西凤酒	陕西凤翔西凤酒厂
	宝丰酒	河南宝丰酒厂
	古蔺郎酒	四川古蔺郎酒厂
	常德武陵酒	湖南常德酒厂
	双沟大曲酒	江苏泗洪双沟酒厂
	淮北口子酒	安徽淮北市酒厂
	邯郸从台酒	河北邯郸酒厂
	松滋白云边酒	湖北松滋酒厂
	全州湘山酒（小曲）	广西全州湘山酒厂
	桂林三花酒（小曲）	广西桂林饮料厂
	五华长乐烧（小曲）	广东五华长乐烧酒厂
	廊坊迎春酒	河北廊坊酒厂
	祁县六曲香	山西祁县酒厂
	高粱糖白酒	黑龙江哈尔滨酒厂
	三河燕湖酒	河北三河燕郊酒厂
	金州曲酒	辽宁金县酿酒厂
	坊子白酒（薯干液态发酵）	山东坊子酒厂
	双沟低度大曲（39°）	江苏泗洪双沟酒厂
啤酒类（三种）	沈阳雪花牌啤酒	辽宁沈阳啤酒厂
	北京特制啤酒	北京啤酒厂
	上海海鸥啤酒	上海华光啤酒厂
黄酒类（十一种）	即墨老酒	山东即墨黄酒厂
	绍兴善酿	浙江绍兴酿酒厂

续表

类别	酒名	产地
黄酒类（十一种）	无锡惠泉酒	江苏无锡酶制剂厂
	福建老酒	福建福州酒厂
	丹阳封缸酒	江苏丹阳酒厂
	兴宁珍珠红	广东兴宁酒厂
	连江元红酒	福建连江酒厂
	大连黄酒	辽宁大连酒厂
	绍兴元红酒	浙江绍兴酿酒厂
	南平茉莉酒	福建南平酒厂
	九江封缸酒	江西九江封缸酒厂
葡萄酒、果露酒类（十五种）	北京干白葡萄酒（干）	北京葡萄酒厂
	民权干红葡萄酒（半干）	河南民权葡萄酒厂
	沙城白葡萄酒（半干）	河北沙城酒厂
	丰县白葡萄酒（半干）	江苏丰县葡萄酒厂
	青岛白葡萄酒（甜）	山东青岛葡萄酒厂
	长白山葡萄酒	吉林长白山葡萄酒厂
	通化人参葡萄酒	吉林通化葡萄酒厂
	北京桂花陈酒	北京葡萄酒厂
	沈阳山楂酒	沈阳果酒厂
	熊岳苹果酒	辽宁盖县熊岳果酒厂
	渠县红桔酒	四川渠县果酒厂
	一面坡紫梅酒	黑龙江一面坡葡萄酒厂
	吉林五味子酒	吉林长白山葡萄酒厂

续表

类别	酒名	产地
葡萄酒、果露酒类（十五种）	广州五加皮酒	广东广州制酒厂
	北京莲花白酒	北京葡萄酒厂

注：以上两个一览表引自刘普伟、刘云编著《说酒：中外酒文化大观》，中国轻工业出版社，2004年；孙中林《酒文化文集》，知识出版社，2003年。

我国荣获国际奖项部分美酒

酒名	时间	评奖规模	获奖等级
凤翔西凤酒	清朝末年	南洋名酒赛	名酒第一名并获金奖
泗洪双沟大曲	清朝末年	南洋劝业会	名酒第一名并获金奖
绍兴加饭酒	1910年	南洋劝业会	特等金牌和奖状
烟台张裕葡萄酒	1914年	南洋劝业会	最优质奖章
仁怀茅台酒	1915年	巴拿马万国博览会	世界名酒金质奖章
汾阳杏花村汾酒	1915年	巴拿马万国博览会	一等金质奖章
烟台金奖白兰地	1915年	巴拿马万国博览会	金质奖章和最优等奖状
烟台味美思	1915年	巴拿马万国博览会	金质奖章和最优等奖状
烟台红葡萄酒	1915年	巴拿马万国博览会	金质奖章和最优等奖状
烟台雷司令干白葡萄酒	1915年	巴拿马万国博览会	金质奖章和最优等奖状

续表

酒名	时间	评奖规模	获奖等级
烟台解百纳干红葡萄酒	1915 年	巴拿马万国博览会	金质奖章
绍兴加饭酒	1915 年	巴拿马万国博览会	金质奖章
泗阳洋河大曲	1915 年	巴拿马万国博览会	金质奖章
宜宾五粮液	1916 年	巴拿马万国博览会	名酒金奖
泸州老窖特曲	1919 年	巴拿马万国博览会	名酒金奖
泗阳洋河大曲	1923 年	南洋劝业会	国际名酒
绍兴加饭酒	1924 年	巴拿马赛会	银质奖章
北京特制五星啤酒	1926 年	巴拿马国际博览会	获奖
青岛啤酒	1981 年	华盛顿国际啤酒会	第一名
天津王朝牌半干白葡萄酒	1984 年	莱比锡国际博览会	“著名新产品”金质奖
北京桂花陈酒	1984 年	巴黎国际美食旅游协会	国际商品质量金质奖章
仁怀茅台酒	1984 年	西班牙第三届酒类饮料评比会	金质奖章
北京桂花陈酒	1984 年	西班牙马德里第四届国际饮料酒评选会	金质奖章
仁怀茅台酒	1985 年	国际评酒会	金质奖
绍兴加饭酒	1985 年	巴黎国际旅游美食评比会	金质奖
绍兴加饭酒	1985 年	西班牙马德里酒类质量大赛	景泰蓝奖

续表

酒名	时间	评奖规模	获奖等级
特制北京啤酒	1985 年	世界名啤酒评选（在美国举办）	名列第七
青岛啤酒	1985 年	华盛顿亚洲国家啤酒评比会	冠军奖
青岛啤酒	1985 年	华盛顿国际啤酒会	冠军奖
青岛啤酒	1986 年	华盛顿国际啤酒评比会	啤酒冠军

注：此一览表引自孙步洲编著《中国土特产大全》上册，南京工学院出版社，1986年。

保持原国优产品质量水平的原国家名优白酒

一、国家名酒（原国家金质奖）

酒名	产地
飞天、贵州茅台牌贵州茅台酒（大曲酱香 53°）	贵州茅台酒厂
古井亭、汾字、杏花村、汾牌汾酒（大曲清香 53°、38°）	山西杏花村汾酒厂
五粮液牌五粮液（大曲浓香 60°、52°、39°、29°、25°）	四川宜宾五粮液酒厂
洋河牌洋河大曲（大曲浓香 55°、48°、38°）	江苏洋河酒厂

续表

酒名	产地
剑南春牌剑南春（大曲浓香60°、52°、48°、38°、28°）	四川绵竹剑南春酒厂
古井贡牌古井贡酒（大曲浓香60°、55°、50°、45°、38°、30°）	安徽亳州古井酒厂
董字牌董酒（小曲其他香59°、54°、41°、38°、28°）	贵州遵义董酒厂
西凤牌西凤酒（大曲凤香型55°、45°、39°）	陕西西凤酒厂
泸州牌泸州老窖特曲（大曲浓香59°、52°、38°）	泸州老窖集团
全兴牌全兴大曲（大曲浓香52°、45°、38°、29°）	四川成都全兴酒厂
双沟牌双沟大曲（大曲浓香53°、46°、39°）	江苏双沟酒厂
黄鹤楼牌黄鹤楼酒（大曲清香54°、39°）	武汉黄鹤楼酒业
郎牌郎酒（大曲酱香53°、43°、39°、28°、25°）	四川古蔺郎酒厂
武陵牌武陵酒（大曲酱香53°、48°）	湖南常德武陵酒厂
宝丰牌宝丰酒（大曲清香63°、54°）	河南宝丰酒厂
宋河牌宋河粮液（大曲浓香54°、38°）	河南宋河酒厂
沱牌沱牌曲酒（大曲浓香54°、52°、50°、45°、42°、38°、32°、28°）	四川沱牌酒业

二、国家优质酒（原国家银质奖）

酒名	产地
龙滨牌特酿龙滨酒（大曲酱香53°、50°、39°）	哈尔滨龙滨酒厂
叙府牌叙府大曲（大曲浓香60°、52°、38°）	四川宜宾叙府酒厂
德山牌德山大曲（大曲浓香58°、55°、38°）	湖南常德德山大曲酒厂
浏阳河牌浏阳河小曲（小曲米香57°、50°、38°）	湖南浏阳市酒厂
湘山牌湘山酒（小曲米香55°）	广西全州湘山酒厂
桂林牌桂林三花酒（小曲米香55°）	广西桂林三花股份有限公司
双沟牌双沟特液（大曲浓香33°）	江苏双沟酒厂
洋河牌洋河大曲（大曲浓香28°）	江苏洋河酒厂
津牌津酒（大曲浓香38°）	天津酿酒厂
张弓牌张弓特曲（张弓酒）（大曲浓香54°、52°、48°、38°、28°）	河南张弓酒厂
迎春牌迎春酒（麸曲酱香54°）	河北廊坊酿酒厂
凌川牌凌川白酒（麸曲酱香55°）	辽宁锦州凌川酒厂
辽海牌老窖酒（麸曲清香55°）	大连酒厂
麓台牌六曲香（麸曲清香53°）	山西祁县六曲香酒厂
凌塔牌凌塔白酒（麸曲清香60°、53°）	辽宁朝阳凌塔酿造科技开发有限公司
胜洪牌老白干酒（麸曲浓香62°、55°、42°、38°）	哈尔滨白酒厂

续表

酒名	产地
龙泉春牌龙泉春（麸曲浓香 59°、53°、39°）	吉林辽源龙泉酒厂
向阳牌赤峰陈曲（麸曲浓香 58°、55°、53°、38°）	内蒙古赤峰第一制酒厂
燕潮酩牌燕潮酩（麸曲浓香 58°）	河北三河燕郊酒厂
金州牌金州曲酒（麸曲浓香 54°、38°）	大连金州酒厂
白云边牌白云边酒（大曲兼香 53°、38°）	湖北白云边酒厂
珠江桥牌豉味玉冰烧（小曲其他香 30°）	广东佛山石湾酒厂
坊子牌坊子白酒（麸曲其他香 59°、54°）	山东坊子酒厂
西陵牌西陵特曲（大曲兼香 53°、38°）	湖北宜昌酒厂
红梅（玉泉）牌中国玉泉酒（大曲兼香 53°、45°、39°）	黑龙江玉泉酒厂
二峨牌二峨大曲（大曲浓香 54°、52°、45°、38°、29°）	四川二峨曲酒厂
口子牌口子酒（大曲浓香 54°）	安徽濉溪口子酒厂
三苏牌三苏特曲（大曲浓香 53°、45°、28°）	四川眉山三苏酒厂
习牌习酒（大曲酱香 53°、38°）	贵州习酒股份有限公司
三溪牌三溪大曲（大曲浓香 60°、52°、45°、38°）	四川泸州三溪酒厂
太白牌太白酒（大曲凤香型 55°）	陕西太白酒厂
孔府家牌孔府家酒（大曲浓香 54°、39°）	山东曲阜酒厂

续表

酒名	产地
双洋牌双洋特曲（大曲浓香 53°、46°、39°）	江苏双洋酒厂
芳醇凤牌北凤酒（麸曲凤香型 55°、39°）	黑龙江北凤酒厂
丛台牌丛台酒（大曲浓香 53°、49°、38°）	河北邯郸酒厂
白沙牌白沙液（大曲兼香 54°）	湖南长沙酒厂
宁城牌宁城老窖（麸曲浓香 55°、46°、38°）	内蒙古宁城老窖酒厂
四特牌四特酒（大曲其他香 54°、50°、38°）	江西樟树四特酒厂
仙潭牌仙潭大曲（大曲浓香 54°、52°、45°、39°）	四川仙潭酒厂
汤沟牌汤沟特曲（汤沟特液）（大曲浓香 53°、45°、38°）	江苏汤沟酒厂
安字牌安酒（大曲浓香 55°）	贵州安酒集团
杜康牌杜康酒（大曲浓香 55°、38°）	河南伊川杜康酒厂
杜康牌杜康酒（大曲浓香 52°、39°）	河南汝阳杜康酒厂
诗仙太白牌诗仙太白特曲（大曲浓香 52°、45°、39°）	四川太白酒厂
林河牌林河特曲（大曲浓香 54°、53°、48°、46°、38°）	河南林河酒厂
宝莲牌宝莲大曲（大曲浓香 54°、38°）	四川资阳宝莲酒厂
珍字牌珍酒（大曲酱香 53°）	贵州珍酒厂
晋阳牌晋阳酒（大曲清香 53°）	山西太原徐沟酒厂
高沟牌高沟特曲（大曲浓香 53°、46°、39°）	江苏高沟酒厂

续表

酒名	产地
筑春牌筑春酒（麸曲酱香54°、42°、38°）	贵州筑春酒厂
湄字牌湄窖（大曲浓香52°、48°、38°、32°）	贵州湄潭酒厂
德惠牌德惠大曲（麸曲浓香38°）	吉林德惠大曲酒厂
黔春牌黔春酒（大曲酱香54°）	贵州贵阳酒厂
濉溪口子牌濉溪口子酒（大曲浓香54°、53°、45°、38°）	安徽淮北口子酒厂

注：此一览表依据中国食品工业协会、中国质量检验协会、中国质量管理协会、中国食协白酒专业协会《通告》（1994年12月28日）。